いぬのプーにおそわったこと

パートナードッグと運命の糸で結ばれた10年間

西川文二
Nishikawa Bunji

CYZO

いぬのプーにおそわったこと

パートナードッグと
運命の糸で結ばれた10年間

目次

第2章 病にたおれたプー

プロローグ

プルルルル……プルルルル……

車の助手席で携帯電話が音を立てたのは、犬のしつけ教室の会場に、あと5分もすれば到着するその時でした。液晶画面を見ると、電話をかけてきたのは私の10年来のパートナードッグ、プーが、昨日の夕方から入院している動物病院からです。

ハザードランプをつけ車を路肩に止め、電話に出ました。

「西川さん、良くない知らせです」

プーは1歳8カ月齢の頃から、様々な病気と闘ってきました。入院は珍しくありませんでした。時には、半月以上家に戻れなかったこともあります。

「また長引くのですか？」

「いえそうではなくて、今朝……」

病院では数時間おきに、入院している犬や猫の様子を確認します。少し前の確認では、急激に危篤に陥るようなきざしは見られなかったそうです。

昨日の入院時は駐車場から病院までの50メーターほどの距離を、だるそうにはしていましたが、プーは自らの足でどうにか歩いていました。

「心配しないで。またよくなるさ」

別れ際のプーは私にそう語りかけているように見えました。

それが、わずか14時間後に、こんな知らせを耳にするとは。

「心臓は動きを取り戻しているのですが、自発的な呼吸が戻らなくて」

「状況はわかりました。これからどうなりますか?」

そう私が尋ねると、

「残念ながら、人工呼吸を止めれば、死を迎えることとなります」

との答えが返ってきました。

「脳死状態ということですか?」

「発見されるまでの時間、心臓の動きが回復するまでの時間、ここまで呼吸が戻らないことから察するに、おそらくそうだと考えられます」

すぐにでも病院にかけつけたかった。でも、私にはそれができない事情がありました。

しつけ教室の生徒さんたちが、会場へと向かって家をすでに出ているはずの時間だったからです。この時点で教室を急遽中止するという連絡はもはや取れません。遠いところからは1時間以上も電車を乗り継いでこられる生徒さんもいました。そんな生徒さんたちに、私事で「今日は中止です、お帰りください」とは、プロとしていうことができなかったのです。

後日この日の話をしたところ、多くの生徒さんから、

「すぐに行ってあげて良かったのよ」

「そういう事情ならみんな了解したわよ」

と、温かい言葉をかけていただきました。しかし、とにかくその時はそうすることしか頭になかった。いや、そうすることをプーも望んでいると思ったのです。

プーは私が、家庭犬しつけインストラクターになるための勉強の過程で、私のトレーニングにつきあってくれた良きパートナーです。１９９９年にプロになってからは、それこそ掛け替えのない相棒でした。

「僕は苦しくないから心配しないで。それより多くの良き飼い主と仲間たちを増やすための仕事をしてきてください」

「生徒さんたちのことをほっといて来てくれても、僕はちっともうれしくありませんからね」

プーがもし話せたら、そういうに違いない。私には、そう思えたのです。

私は獣医師に無理をいって、教室を終え病院に着くまで、どうにか呼吸を維持してもらえ

るようお願いしました。

「わかりました。ご家族もお別れがしたいでしょうから、皆さんが病院にお見えになるまでは、人工的に呼吸を維持させます」

その日は土曜日でした。子どもたちには、学校がありました。早くても家族がそろうのは2時過ぎです。妻に連絡をして病院で落ち合うこととし、私は携帯を助手席に置き、しつけ教室の会場へと再度車を走らせました。

しつけ教室の会場に着いて見上げた空がなんと青かったことか。10月だというのに、夏のまばゆさを感じさせました。

匂いであったり、メロディであったり、味覚であったり、五感から脳にインプットされる特定の情報により、あるできごとが鮮明に蘇ってくる。夏を思い出させる、夏を感じさせる、そんな空気の中で見上げる青い空は、私をあの日にいつも連れ戻します。

これからはじまるお話は、プーと私の10年の足跡です。その10年はプーにとっては病との戦いでもありました。

本の執筆にあたり、当初企画していたのは、実は別の内容の話でした。しかしある日、打合せの雑談の中で「プー」の思い出を語ったところ、ぜひその話でいきましょうと、なぜか企画は変更となったのです。

打合せの後、喫茶店を出て見上げた空は、まばゆいくらいに青かった。「プー」は今でも生きている、あの青い空のどこかに。私は、そう確信せざるを得ませんでした。

前置きが長くなってしまいましたね。では、そろそろ「プー」の物語の幕を、上げることといたしましょう。

1

出会い

運命の、色のついた糸

「西川さん、子犬を探していましたよね」

受話器を耳にあてると開口一番、獣医師はそう切り出しました。私は数カ月前から、もし捨てられた子犬の情報があったらぜひ連絡してほしいと、獣医師に頼んでいたのです。

当時の私は百貨店の中にあるペットショップの経営にたずさわっていました。日々のお客様とのやりとりの中で、しつけのアドバイスがショップの新しいサービスになると感じていました。そこで、そのしつけの知識を得るために、社団法人日本動物病院福祉協会（現公益社団法人日本動物病院協会／以後ＪＡＨＡ）の「家庭犬しつけインストラクター養成講座」を受講していました。そして、その養成講座の中で、「講座で学んだ方法で犬をトレーニングし、あるテストに合格させる」という課題があったのです。

私は、子犬を一から育てトレーニングをし、その課題をクリアしようと考えていました。ショップの経営にたずさわっているわけですから、純血種の子犬を手に入れるのは簡単です。しかし、私はそのテストのパートナーには純血種ではない、しかも保護された犬で、と考えていました。理由は二つあります。

一つは「犬種特性も、親の性格もわからない犬を育てる方が勉強になる」、もう一つは「失われてしまうかも知れない命が一つ救える」、ということ。

今でこそ都内では子犬の捨て犬は、まったくといっていいほど見られなくなりましたが、当時はまだぽつりぽつりとあったのです。そこで先のお願いを獣医師にしていたのです。

一昨日の大雨の日に3匹で公園に捨てられていたこと。そして3匹のうち、1匹は衰弱のためすでに息を引き取ったこと、推定生後4週齢前後ということ、2匹ともオスであること、また、1匹は日本犬の雑種のようだが、もう1匹の容姿は説明するのが難しいといったことなど、その時点でわかっている子犬の情報を獣医師は私に伝えてくれました。

「すぐ見にいきます」

私はスタッフに店を任せ、動物病院へと向かうことにしました。

いずれにしてもどちらかの犬を譲り受ける！　電話の話の途中から、そう心に決めていました。これも何かの縁、きっと色のついた糸で結ばれているのに違いない。私はそう思ったのです。

病院に到着しスタッフに案内されたのは、入院やホテルで犬や猫を預かるための部屋でした。ケージの中では、2匹の子犬がじゃれあって遊んでいました。

1匹は確かに日本犬の子犬のように見えました。シッポは巻いており、柴犬の子犬のように、あまり長くないふわふわした焦げ茶の毛で覆われていました。獣医師の話では、亡くなったもう1匹も日本犬の子犬のようだったとのことで、容姿から見て少なくともその2匹が兄弟だったのは間違いないということでした。

一方で、目の前で戯れるもう1匹は、見るからに日本犬の子犬の容姿からはかけ離れていました。シッポは巻いていません。毛の色はゴールデン・リトリバーのようでした。毛質は柔らかく、少しカールしているようにも見えます。当時は街で見かけることがなかった、今でいうプードルのテディベアカット、それを少し長くしたような感じでした。

2匹は、体の大きさもずいぶん違いました。頭一つ分以上、日本犬っぽい子犬の方が大きいのです。

パッと見には、とても兄弟には見えないのですが、

「別々に生まれた、同程度の生後日数の犬3匹が同時に捨てられるという可能性は、まずはあり得ないとみてよいでしょう。考えられるのは、日本犬と洋犬、あるいは日本犬の雑種と洋犬との間に生まれた子犬たちで、何匹生まれたかはわかりませんが、少なくとも保護された3匹のうち2匹は日本犬の血が濃く出て、1匹は洋犬の血が濃く出ているということでしょう」

獣医師の推測はそういうものでした。

さて「色のついた糸で結ばれている」犬は、この2匹のうちのどちらでしょうか？

実は2匹を一目見たときから、私の心の中はすでに決まっていました。

糸の色を確認するために私は、2匹のいるケージに手の甲を近づけてみました。子犬は興味のあるものの匂いを嗅ごうとします。先に私の手の甲の匂いを嗅ぎにきた犬の方が、より私に興味を持っていることは間違いありません。すなわち、先に匂いを嗅ぎにきた方が、その運命の色のついた糸で結ばれている犬のはず、ということなのです。

果たして結果はどうだったのか？

先に私の手に興味を示したのは、一目見た時から心の中で決めていたあの犬、そうなんとも表現のしがたい子犬の方、だったのです。

はやる気持ちを抑えて

「こっちの子犬、抱いてみたいのですが」

「わかりました」

獣医師は、子犬をケージから出し、私の胸に抱かせてくれました。

「いい感じだ」

数百匹の子犬の販売にたずさわっていた経験から、見た目の印象よりも軽い子犬は弱いということを知っていました。私の顎をペロペロ舐めている子犬は、見た目の印象よりも重かったのです。

「歩かせてみていいですか」

私は犬を床に下ろしました。そして犬から少し離れてみました。

チョコチョコチョコチョコ

たどたどしい歩みで私の後を追ってきます。まるで、歩きはじめた幼子《おさなご》が、手をさしのべている親の方によちよち歩きをしてくるかのようでした。

「この子にします」

もう1匹の子犬には悪い気もしましたが、2匹譲り受けるわけにはいきません。

「お手数をかけますが、4週間ほどここで面倒を見てください」

私はすぐにでも連れて帰りたい気持ちをおさえ、獣医師にお願いしました。というのも、子犬は8週齢までは親兄弟の元で育つのが、その健全な精神の形成に重要だという知識を、JAHAの家庭犬しつけインストラクター養成講座で得ていたからです。

犬は生後3週齢から歯が生えはじめ離乳がはじまります。と同時に、歩けるようにもなり排泄を寝床から出て行うようにもなります。それまでは母犬のそばから離れなかった子犬が、この頃から母親から離れ、巣の外の環境から多くの刺激を受けはじめるのです。

また、母親の乳房をそれまでのように噛めば怒られます。子犬同士の噛みつき遊びもはじまります。きつく噛めば相手はキャンと悲鳴を上げ、噛んだ子犬はビックリして噛むのをやめる。自分も噛まれれば痛い。お腹を見せればそれ以上、きつく噛まれることはない。こうした体験を通じて、犬同士のコミュニケーションの基礎をこの時期に学ぶのです。

哺乳類はありあまるほどの脳細胞を持って生まれてくるといわれています。生まれた時には、それぞれの個体がどういった環境で育つかはわかりません。そこである時期までその個体がどういった環境で生きていくのかにあたりをつけ、必要な脳細胞のネットワークを広げ、必要なさそうな脳細胞は破棄し、効率良くそのネットワークを構築していく。

木彫りの彫刻に例えれば、ある像を掘り出すにはできあがりの像よりも大きな木の塊を用意して、そこから掘り出す像をイメージして必要な部分を残し不必要な部分を削っていく。まずは荒削りをするのです。同様の作業を脳は勝手に、ある時期に行うということなのです。

一般的に社会化期と呼ばれているこの時期には、犬の場合は環境刺激に対する慣れや、他の犬とのコミュニケーションに必要なボディランゲージの基礎を、身につけていきます。

人間社会の刺激全般への慣れに対する社会化期がいつまでなのかは諸説ありますが、はじまりは3週齢であること、そして同種・異種の動物に対する慣れ、社会化は12週まで、という考えは共通しています。これは親兄弟から早めに引き離すと、犬同士のコミュニケーションが苦手な犬に育ってしまうことを意味します。反対に引き離すのが遅れると、親元で接した以外の人や犬への慣れが悪くなります。

こうしたことから、子犬は8週齢頃までは親兄弟の元に置き、その後新しい家族の元へ譲り受けられるのがベスト、と考えられているのです。

8週齢までは親元に、という考え方は当時の日本にはありませんでした。子犬は40日もすればペットショップに売られているのが一般的で、その時期から8週齢までに売り切ってしまうのが理想とされていたのです。なぜなら、子犬が一番可愛らしく見えるのが、その時期だからです。

日本人の犬の飼い方も関係していました。かつての犬は番犬が主だったのです。他の犬とコミュニケーションがとれない、家族以外の他人にはなかなか慣れない、そうしたことはたいした問題ではなかったのです。

8週齢まで親兄弟と触れあいながら成長するのが望ましいのですが、目の前にいる、私がパートナーに選んだ犬にはそのすべてを望むことはできません。だからせめて、兄弟で過ごさせたい。私がそう考えたことは当然のことといえるでしょう。

「わかりました」

獣医師は私の説明を聞いて、快諾してくれました。

引き取る日取りを決め、それまでには一回目の予防接種を済ませておくということで、私はこの日、病院を後にしました。

看板犬との出会い

梅雨入りは少し先のはずですが、空はどんよりとし、いまにも雨が降り出しそうな、そんな日だったと記憶しています。

子犬を引き取る時が、いよいよやって来ました。

病院はショップを開いていた新宿の百貨店から30分ほど車を走らせた距離です。昼食を済ませ、病院の休診時間に合わせて出向きました。子犬は1匹で待っていました。兄弟犬と思われる犬は2日ほど前に、新しい飼い主の元へ引き取られていったそうです。

子犬は私を見つけると、しっぽを振ってケージの入り口まで近寄ってきました。私のことを覚えていてくれていたのでしょうか。

子犬の体重は500グラムほど増え、1・5キロになっていました。両方垂れていた耳は左耳だけが立ち上がっていました。現在与えている食事の量と次回の予防接種の日取りなど、簡単な説明を獣医師から受け、お礼を述べて新宿へと戻りました。

店には販売中の子犬以外に、2匹の看板犬がいました。12歳のプードルと11歳のマルチーズです。

私は新しく迎え入れた子犬が、他犬とのコミュニケーションをどのように取るのかを確認するために、8畳ほどのトリミング・ルームに看板犬たちを放し、子犬を抱いたままその2匹を見せてみました。2匹の看板犬を見て、子犬はシッポを振っています。多くの子犬と、トリミングに連れてこられる犬を普段から見慣れている看板犬たちは、これといって子犬に興味はないようです。

私は子犬を抱いたまま、看板犬たちから2メートルほど離れ、子犬を床に下ろし放してみました。子犬は喜んで、まずはマルチーズの方にまっすぐに向かって走っていきました。そして、いきなりじゃれつこうとしました。

初対面同士の場合、犬はトラブルを避けるためのボディランゲージを見せながら相手に近づこうとします。ゆっくりと回り込んで相手に近づこうとしたり、あるいは頭の位置を下げ舌をペロペロと出しながら少しずつ少しずつ相手に近づき、相手の口を下から舐めようとしたりします。前者は「私はあなたに挑戦的でないでしょ、だからあなたも挑戦的にならないで」という意味です。後者は「ほら私はあなたよりも幼い存在ですよ。だから攻撃しないで」という意味です。

こうしたボディランゲージの基本を、子犬は親兄弟との触れあいの中から学ぶのですが、迎え入れた子犬には親との触れあいが欠けていました。兄弟らしきもう1匹との触れあいも、あるにはあったのですが、おそらく「まっすぐに突進する」が兄弟犬との遊びのはじまりだったのでしょう、トラブルを避けるためのボディランゲージを身につけるにはいたっていなかったようです。

「まっすぐに突進する」は、相手によっては「自分に挑戦している」と捉えられ、怒りを買うこととなります。

幸いにもマルチーズは、子犬を徹底的に無視してくれました。遊びの誘いにも乗らず、相手に背を向けるようにしています。この、相手に背を向けるボディランゲージは「私はあなたに興味がないの、だからあなたも私に興味を持たないで」という意味なのです。

子犬はマルチーズが遊んでくれないとわかったのでしょう。じゃれつく相手をプードルへと変えました。

「ワウッ」

プードルの方は、容赦がありませんでした。

子犬に対して怒りの態度を示したのです。この対応の差は、お産の経験の有無にあります。マルチーズにはお産の経験はありませんでしたが、プードルの方は3回ほど子どもを産んでいました。母犬がしつこい自らの子どもをたしなめるように、ケガをさせない程度の抑制のきいた嚙みを子犬に見せたのです。

親兄弟との触れあいの中で、生後8週齢までにボディランゲージの基本を身につけている子犬なら、仰向けになって相手にお腹を見せたことでしょう。相手にお腹を見せるのは「私は戦う意志はありませんから、攻撃しないでください」といったボディランゲージです。残念ながら、子犬はそのボディランゲージを見せることはありませんでした。「キャン」という悲鳴もあげませんでした。一目散に3メートルほど離れたカウンターの後ろに逃げ込む、という行動をとったのです。

「う〜ん」

私は少し困惑しました。兄弟と遊んでいる姿からは、想像のつかない仕草だったからです。とはいっても、その時はその行動を深刻に受け止めもしませんでした。

「遊びたがっていたのだから、他の犬が苦手というわけではないな」

その時の私の印象はその程度の軽いものでした。

「いろんな犬と触れあわせれば、上手にコミュニケーションができるようになるはずだ」

その考えが甘かったことに気づかされるのは、それから随分経ってからのことです。

初めての排泄は庭で

ショップの仕事を終え、子犬を自宅に連れ帰ったのは、夜の8時過ぎでした。家では5歳の長男と2歳の次男、そして妻が首を長くして待っていました。

家族には、姿や印象をすでに説明していました。それぞれの頭の中には、子犬に対する想像が膨らんでいたことでしょう。

家族は待ちかねたかのように玄関まで走ってきました。

「見せて見せて」

「どんな犬?」

リビングで私はキャリーバッグから、子犬を出して見せました。

「かわいい!」

「こんな犬見たことない!」

子どもと妻は大喜びです。

子犬は家族の騒ぎように、少し戸惑いを見せているようでした。でも怖がっている様子は見られません。

「名前はなんていうの？」

長男が聞いてきました。

私は子犬に首輪とリードをつけながら、

「名前はまだつけてないよ」

と答えました。

そして子犬を抱き上げ、初めての排泄を庭でさせるためにリビングのサッシを開けました。トイレのしつけは、初めての排泄をどこでやらせるかが重要です。

かつて養成講座に通う前は、サークルの中にトイレとベッドを入れる飼育環境が当たり前だと考えていました。「排泄は起き抜け、食事の後、遊んでいる最中などが要注意。犬が床の匂いを嗅ぎはじめたり、そわそわする仕草が見られたら、トイレの上に乗せ、そこで排泄できたらほめてあげる」。実際、私はお客様にそう説明していたのです。しかし、この方法ではすぐに覚える犬もいれば、一方で何カ月もトイレを覚えない犬までと実に様々。確実性がないことも知っていました。

最初にベッドの上で排泄をさせてしまえば、トイレではなくベッドの上に排泄するようになってしまいます。あるいは、最初にリビングのカーペットの上に排泄させてしまえば、そこがトイレになってしまうのです。

養成講座ではクレートトレーニングの重要性も学んでいました。クレートとはなじみのない言葉ですが、小型犬でいえばプラスチック製のキャリーバッグがそれにあたります。サークルやケージとの違いを説明しますと、サークルは単なる囲いで、中がよく見えます。犬を中に入れて搬送することは考えていません。屋根や床面があったとしても、犬を中に入れたまま搬送できないのであれば、それはサークルです。一方、ケージも中がよく見えますが、犬を入れたまま搬送が可能です。多くは持ち手が付いています。クレートはケージ同様、中に犬を入れて搬送ができます。クレートとケージの違いは、クレートは中が見えづらい、ということです。

その昔、ケージで動物を長距離搬送する際には、動物にストレスがかからないよう外からの刺激をさえぎるためにケージの外に木枠を組んだそうです。その木枠のことをクレートといい、そこから、いまでは中が見えにくいケージのことを総じてクレートと呼ぶようになっているのです。

犬たちにとってクレートを、人間の子どもでいえば自分の部屋のような存在であると感じさせていく、そうしたトレーニングをクレートトレーニングといいます。クレートトレーニングができていれば、クレートにシートベルトをかけるだけで車での移動の際の安全も確保できます。クレートに入っていない犬は、チャイルドシートをしていない幼児と同じです。急ブレーキをかけるだけでケガをするかもしれません。

また、常に自分の部屋ごと移動していることになりますので、旅行の際などにもストレスがかかりにくくなります。入院時のストレスも軽減できるといわれています。クレートになじんでいない犬は、入院施設などの狭いスペースに入れられると、それだけで大きなストレスを感じてしまうからです。

実はこのクレートトレーニングは並行して、トイレトレーニングもできてしまうのです。適切なサイズのクレートとは、犬が中で余裕をもって方向を変えられる程度の、適度に狭い広さのものをいいます。犬は自分の寝床やカラダを自らの排泄物で汚したくないという習性があります。

適切なサイズのクレートの中で休ませていれば、例えば3時間休ませれば3時間排泄を我慢することになります。2カ月齢の犬にとって膀胱にたまった3時間分の尿は、かなりの尿意をもたらす量です。その時点で、クレートから出し自らのカラダが汚れないであろうとわかるスペースに出してあげると、そこですぐに排尿をはじめるものなのです。

私が家族に犬を見せた後、リビングに放さず庭に連れていった理由はここにあります。リビングに放してしまえば、カーペットの上で排泄したかも知れません。庭に連れていけば、庭でする可能性が高いのです。もちろん私は、排泄は庭でと考えていたわけです。

まさにそうした犬の習性通りでした。庭に下ろすと子犬は地面の匂いを嗅ぎ、すぐに庭で排泄をはじめたのです。

そしてその後、子犬は庭をトイレとすぐに覚えることとなります。

名前が決まった

庭での排泄を済ませ足を拭き、リビングに子犬を連れ戻しました。

排泄を済ませたからといって、子犬から目を離すわけにはいきません。子犬はしっかりと見てさえいれば、排泄前の仕草がわかるものです。目を離してしまえば、その仕草を捉えることができず、気がつかないうちにどこかで排泄をされてしまう。

目を離さないで済む簡単な方法は、子犬にリードを付けそのリードの先端を持っていることです。私はリードを外さずに子犬をリビングに降ろしました。子犬は早速リビングの探検を、許された範囲の中ではじめました。

子どもたちはかまいたくて子犬について回っています。

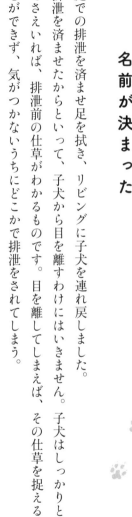

興味を子犬から少し外させるために、私は子どもたちに仕事を与えることにしました。

「ねぇ、名前を考えてよ」

すでに私は100個以上の子犬の名前の候補をノートに記していました。これは私が大学を卒業してから、10年間コピーライターの仕事につき、家業のショップの手伝いをはじめた後も二足のわらじ的にフリーのコピーライターをしていたがゆえの、性《さが》とでもいうべきものでしょうか。ネーミングは、最低100個以上記す、ということを会社で叩き込まれ、それを当然のことと考え、フリーとなっても常にそれを実行していたのです。

当初私は子犬の名前を、私の考えた候補の中から家族に選ばせるつもりでいました。しかし、子犬を見て大喜びをしている、妻と2人の子どもを見て、考えが変わりました。

「みんなに考えさせよう」

私が考えた中から選ぶのではなく、みんなで一から考える。その方が家族として迎え入れた犬にはふさわしいと、私には思えたのです。みんなからいい名前が出てこなければ、その時私の考えた候補から選ばせればいい。

もっとも子どもたちはまだ5歳と2歳です。口に出てくる名前は、アニメのキャラクターか、絵本に出てくる何かしらの名前ばかりです。

アニメや絵本に登場する名前が悪いというわけではありませんが、目の前にいる子犬のイメージにはあいません。

「あれ、お母ちゃんは？」

気がつくと妻の姿が見えません。

「2階に行ったよ」

長男が答えます。

「ねぇ、見て見て」

妻がそういいながら階段を降りてきます。

「似てない？　ほら」

どこから持ってきたのか、妻は年期の入った熊のぬいぐるみを、手にしていました。

「どうしたんだ、それ」

「子どもの時におばあちゃんが買ってくれたものよ」

そんなぬいぐるみをどこに隠し持っていたのか？　不思議にも思いましたが、そんなことよりも、どこが似ているのか？

「どこが？」

私がそういぶかしげに尋ねると、

「色と、雰囲気がよ」

確かに、色はプーに似ていました。雰囲気も、ほんわかしているという点で、似ていなくもない。

子どもたちは、

「似てる、似てる」

と騒いでいます。そして妻がいいました。

「これくまのプーさんだよ」

「え、ウソ？」

その熊のぬいぐるみは、私の知っているあの「くまのプーさん」とはまったくの別物でした。ディズニーのあのキャラクターの色は全身黄色。しかし目の前の熊は、茶色です。また、ディズニーのキャラクターには、八の字眉毛がありますが、妻が抱えているそれには眉毛はあるにはあるのですが、あの眉毛ではないのです。

ほんとかなぁ、と思いつつ、

「プーかぁ」

私がそうつぶやくと、子どもたちが、

「プーがいい！」

「プーにしよう！」

１００を超える名前を記した私のコピーライターとしての努力は、「もはやこれまで」となりました。しかも、結局はキャラクターの名前に落ち着いたのです。

「君は今日からプー」

名もなき捨て犬は、この時から「プー」という名の我が家の家族となりました。私と苦楽を共にする、「プー」としての10年が、いよいよ始まったのです。

猫との出会い

プーがやってきた時、我が家にはメスの猫がいました。

名前はココア。猫種はアメリカンショートヘアーです。アメリカンショートヘアーの柄にはいくつかのパターンがあります。よく見るのはマッカレルタビーという柄で、体の両サイドに大きな渦巻きのような模様が見られます。けれどココアの柄は異なりました。クラッシックタビーという、渦のない虎柄のような模様です。しかも、よく目にする白黒ではなく、茶とベージュという色の組み合わせでした。ココアという名前は、この色にその由来があります。

ココアは、その子どもをショップで販売することも考えて、育てはじめました。子猫をいつも譲ってもらっていたキャットクラブの会長さんが「子どもを取るのならいい猫を飼いなさい」といって、とびきり血統がいい、そして柄の珍しい猫を探してくれたのです。

プーを連れ帰った初めての日、ココアは2階から下りてきませんでした。飼いはじめのその日から、プーは常に私と一緒でした。日中は私とショップに出勤します。プーがココアに出会ったのは2日目の夜でした。

私たちが帰るとココアはリビングのソファで丸くなっていました。庭に出し排泄を済ませた後のプーを抱いてリビングに戻ると、ココアはソファから下り、私たちの方を見ていました。プーの存在に気がついたようです。

ココアから1メートルほど離れた場所にプーを下ろし、放してみました。

「ねぇねぇ」

プーは店の看板犬たちにしたように、ココアにじゃれつこうとしました。

犬に慣れ親しんだ猫ならその限りではありませんが、猫が犬に迫られた場合の反応は大きく二つあります。一つは逃げる。高いところに避難するのもそれにあたります。もう一つは追い払う、いわゆる猫パンチを相手に見舞わせるものです。

ココアは後者の反応を見せました。

シャッ、シャッ

猫と犬とを会わせる時には注意が必要です。この猫パンチが犬の眼球、角膜を傷つけてしまうことがあるからです。角膜に傷がついた場合、適切な治療を行わなければ多くが失明に至ります。私は危険を感じたらすぐにプーとココアの間に割ってはいれるよう、十分な注意を払いました。

ココアが繰り出した最初の猫パンチは、ボクシングに例えれば牽制のジャブ。相手の鼻をかすめるように、前足を伸ばします。

この牽制を無視して相手に近づけば、待っているのは渾身の猫パンチ、猫キック。その状況に至れば、角膜を爪でえぐられるという事態も起こりえます。

私はプーがどういった行動を見せるのか、さらに様子を見ることにしました。

果たして結果はどうだったのか？

「近づくと危険かも」

どうやら、プーはそう理解したようです。

ココアの方はプーが近づかなければ、それ以上は何もしませんでした。

それ以降、２匹はお互いにストレスを感じない距離をうまく取りあって、同一の空間にいることができたのです。ココアがプーに近づけば、プーはその場から少し離れます。プーはココアに近づきすぎないように、常に意識していました。

「自分から何もしなければ、ココアは攻撃をしてこない」

やがてプーは、そう理解していきました。

2匹の距離は、生活を共にするに連れ縮まっていきました。やがてココアはプーが4本の足で立っている、そのお腹の下を横切るようにもなっていったのです。ココアとのそうした日々が、プーの室内にいる猫に対するその後の態度を決定づけました。

プーがきてから1年も待たずに、ココアは4匹の子猫を産みました。全員、白黒のマッカレルタビー柄。どこから見ても、アメリカンショートヘアー！　という4匹でした。うち3匹は問題なく育ち、順調に新しい飼い主の元へと引きとられていきました。

ただその中の1匹は、生後1カ月齢頃に食事を取らなくなり、一時入院という事態に陥りました。原因はよくわからなかったのですが、獣医師からは先天的な疾患を何かかかえているかもともいわれ、退院後もしばらくは我が家で様子を見ることにしました。仮の名前もつけました。ココアの子どもなので、チビココア。オスなのにいつしかチビコと家族から呼ばれるようになり、その後もずっと、我が家で可愛がられることとなりました。

命とは不思議なものです。一緒に生まれた子猫たちの中で一番弱かったチビコが、18歳半まで長生きしてくれました。人間の年齢に換算すると、90歳近くまで生きたことになります。プーの分まで長生きしてくれた、そんな気がしてなりません。

チビコにとって、プーは生まれた時から身近にいる存在でした。しかも相手からは何もしてこない。チビコとプーの関係は９年間に及びましたが、２匹は隣で同じ姿で寝るような、そんな兄弟のような関係を築き上げていきました。

公園デビュー

「じゃぁ、駐車場で。１時間後、２時ね、２時」

プーを迎え入れて２週間ほど経った頃です。友人のＳ・Ｙと平日の日中、砧公園で会う約束をしました。

当時私は百貨店のペットショップの経営にたずさわっていたため、オフは平日にしか取れませんでした。Ｓ・Ｙは会社員でした。基本的に休みは土日です。その日は有休を取っていました。

有休を取ってまで私に会うのには、理由がありました。Ｓ・Ｙは、私がプーを迎え入れるひと月ほど前に、２カ月齢の犬を飼いはじめていたのです。名前はモモちゃん。プー同様、保護犬でした。

彼も私同様、犬を家族の一員と考えていました。リビングでは自由に過ごさせ、どこにでも連れていくことができる、そのような犬に育てたいと考えていたのです。

当時そうした犬たちは「コンパニオン・ドッグ」と呼ばれていました。「同伴犬」と訳されていたようにも記憶しています。

番犬、猟犬、警察犬、座敷犬、抱き犬、といった呼ばれ方をする犬は昔からいました。しかし、リビングで自由に過ごし、どこにでも連れていけるような、そうした犬を的確に表現する言葉を、日本人は当時持ちあわせていませんでした。そこで、欧米で使われていたコンパニオン・ドッグという言葉をそのまま借りていたのです。

今ではコンパニオン・ドッグという言葉は、すっかり耳にしなくなりました。それはそうした存在として犬を飼うことが、今や当たり前になってきたからでしょう。ちなみに私が学んでいた養成講座ではコンパニオン・ドッグを「家庭犬」と訳していました。

S・Yは私がペットショップ経営にたずさわっていることはもちろん、家庭犬しつけインストラクターの養成講座を受講していることも知っていました。そこでモモちゃんの飼育方法や、しつけ方をたびたび尋ねてきていました。

インターネットがそれほど普及していなかった時代です。やりとりはもっぱら電話でした。

今から思えば、正しいことも、間違ったこともいろいろ電話でアドバイスしていました。

たとえば、

「犬には社会化期というものがあって、3カ月齢頃までに、いろんな犬に触れあわせないと、他犬が苦手になってコンパニオン・ドッグに育てるのが難しくなるっていうぞ」

このアドバイス自体は間違ったものではありません。

「子犬同士を触れあわせるために、アメリカじゃ3カ月齢になる前から、動物病院で開催されているパピーパーティってのに参加させるっていうぞ」

このアドバイスも間違ったものではなかったのですが、残念ながら日本では現実味がありませんでした。なぜなら、日本ではパピーパーティをやっている動物病院など、皆無だったからです。

「やっているところがないのなら、自分たちでやるしかない」

私がプーを迎えることで、たった2匹ではありますが、パピーパーティもどきができる。

私とS・Yは2匹を触れあわせることにしたのです。

「『2回目のワクチンが済むまではお散歩NG』と獣医師に言われても、それを守っていたら社会化はできない」

「抱いて歩けば問題ないし、清潔そうなところには下ろして、場所慣らし、足場慣らしをどんどん進めるべきだ」

そのようなアドバイスもしていました。

プーはまだ2回目のワクチンを済ませていませんでしたが、常に私と行動を共にしていました。モモちゃんにアドバイスしていたとおりに、機会を見てはキャリーバッグから出し、外にもなじませていました。

S・Yの家は川崎にありました。砧公園は、私と彼がお互いに行きやすい場所でした。

「いやぁ悪い悪い」

S・Yは約束の時間に少し遅れて、公園の駐車場に現れました。

「こんにちは！」

奥さんのあっちゃんも一緒です。私の方は、妻と子どもたちが一緒でした。

話もそこそこに、私たちは芝生の広場へと向かいました。

モモちゃんは2回目のワクチンを済ませていたので、駐車場から広場まで歩かせました。

プーは大事をとってキャリーバッグでの移動です。

広場は休日の喧噪がウソのように、人も少なく落ち着いた空気に包まれていました。女性陣と子どもたちはピクニック気分です。彼女たちが芝生の上にビニールシートを敷く姿を横目に、私はキャリーバッグの中にいるプーにリードをつけ、キャリーバッグの外、すなわち芝生の上へと誘いました。モモちゃんはというと、プーから2メートルほど離れた位置から私とプーの様子を見ています。

兄弟犬以外の子犬との触れあいは、プーにとって初めての経験です。ショップにいる成犬や猫とのファーストコンタクト同様、相手にまたじゃれつきにいくのだろうか？

私はプーがモモちゃんに対して、どんな反応をするのかが興味深くもあり、楽しみでした。

モモちゃんにはじゃれつかず

トコトコトコ……

ゆっくりとプーは、モモちゃんに歩み寄っていきました。

「遊ぼっ遊ぼっ」

といった、例のじゃれつきは見せませんでした。

そしてモモちゃんの体の側面、脇の下あたりの匂いを嗅いだのです。

モモちゃんの反応はというと、これまたクールでした。プーに匂いを嗅がせるままに、自らはゆっくりとプーのお尻の臭いを嗅ぎに体を曲げました。プーの匂いを嗅いだ後は、プーを無視しているように見えました。

モモちゃんは、ほぼ1カ月年上のお姉さんになります。この時期の子犬の1カ月の差は、人間の幼児ならば幼稚園の年少さんと年長さんの違いぐらいになります。モモちゃんは、「あなたのようなお子ちゃまには、私、興味ないわ」

そう言っているようにも見えました。

プーも、モモちゃんから周囲へと、その興味の対象をすでに移していました。目に入るものの匂いをなんでも嗅ごうと、トコトコと歩き出します。

「あら、可愛い」

そばを通る人が声をかけてきます。

様々な人への慣らしは、社会化期における社会化の最重要項目です。飼いはじめから1カ月間の間に、100タイプの人からフードをもらうように、また外では見知らぬ人に声をかけフードをあげてもらうように、と現在私は生徒さんたちに指導をしています。

そして、どんな人に声をかければいいのかというと、

「犬を見て、微笑む人や『カワイイですね』などと声をかけてくれる人は、お願いすれば喜んでフードをあげてくれますよ」

ともアドバイスしています。もし今の私があの時の砧公園にいれば、

「西川さん、チャンスですよ。フードをあげてくれるよう、頼みましょう」

と20年前の私に声をかけていたことでしょう。

「ちっちゃいわね、何カ月？」

と尋ねる人もいました。

「2カ月半です」

そう答えると、

「ダメよ、そんなちっちゃい子歩かせちゃ。病気になっちゃうわよ！」

と語気を荒めて私をたしなめるご婦人もいました。

驚かれるのも無理はありませんでした。

当時は犬を手に入れてから1回目のワクチンを打つのが一般的で、獣医師のほとんどが2回目のワクチンを済ませて2週間経過するまでは外に連れ出さないように、他犬と触れあわせないように、とアドバイスしていたからです。

しかしそれを守っていると、必要な社会化ができないまま生後4カ月齢を迎えることとなってしまいます。

生後4カ月齢は、人間なら8歳を迎えようかという頃です。確かに病気にさせないという意味では、家から出さないのがいいのかも知れません。しかし想像してください。病気に感染するリスクが高いからという理由で、小学校2年生頃まで、家から出さずに人間の子どもを育てたらどうなるかを。

混合ワクチンで予防する病気のうち、怖いのはジステンパーとパルボウィルス感染症です。いずれも感染すると死に至るリスクが高い病気です。

しかし、2つともウィルスによる感染です。ウィルスは犬の体液、尿や便、鼻水、だ液、目やに、あるいはそれらの飛沫などを介して移ります。すなわち、ウィルスに感染した犬が近くに存在しないところでは、一般的にいってまずは感染する可能性はないのです。

私は獣医師とのやりとりを頻繁に行い、その実態を聞いていました。

「パルボウィルス感染症などで病院に来るのは子犬で、多くは販売前にショップなどで感染している個体が、新しい飼い主の元で発症します。野良犬がいないような地域では、キャリアでウィルスをまき散らしている犬が出歩いていることはまずありません」

こうも聞いていました。

「ただ、やはり一般の飼い主にはワクチネーションが済むまでは、お散歩OKとは言いません。なぜなら、一般の飼い主は犬が行こうとするがままに歩かせてしまいます。その結果、他犬の排泄物のあるところに行ってしまい、ジステンパーやパルボウィルスうんぬんではなく、別の病気に感染させてしまう可能性が高いからです」

次のようなアドバイスも受けていました。

「西川さんならリスクの高そうなところはわかるはず。大丈夫そうなところは下ろしても平気だと思います。もっとも自己責任ですが……」

そうはいっても、こうした説明を長々とご婦人にするわけにもいきません。

「アドバイス、ありがとうございます」

と口にして、プーを抱き上げ、その場を後にするのが常でした。もちろん、ご婦人の姿が見えなくなるのを確認して、プーは地面に下ろしていました。

背中を触らせなくなったモモちゃん

友人S・Yに間違って教えていたことのひとつに、叱り方がありました。

犬を、殴る、蹴る、棒で叩く、などは、80年代までは珍しいことではありませんでした。

JAHAの家庭犬しつけインストラクター養成講座がはじまったのは94年。当時は12段階からなるカリキュラム構成で、各段階をレベルと称していました。

「一般の飼い主にも役立つ話です。しつけに困っている方はぜひ聞きに来てください」

といった感じでレベル1から4の広報がなされていました。

講師はアメリカのドッグ・トレーナー、テリー・ライアン先生。彼女が、年に数回来日し、東京と大阪で集中的に講義を行うという講義スタイルでした。初年度東京では、レベル1と2が春に行われ、秋にレベル3と4が開催されました。

レベル3と4は問題行動に関する講義でした。

インターネットなど普及していなかった時代です。海外の事情は本から得るのが主。しかし本は、原書から日本語に訳されるのに何年ものタイムラグが生じます。海外の最新の情報が生で手に入るということで、訓練士やショップ関係者、ブリーダーなど、インストラクターを目指しているわけではない人たちもたくさん集まっている、会場はそんな感じでした。

講義中に仲間内で話をするといった、不届き者もいました。

「なに生っちょろいこといってるんだ。あんなの鞭で叩けば一発だよ」

などといった、ひそひそ話も聞こえてきました。

テリー先生の話は、当時としては新しく、また行動学に基づく科学的な方法論とされていました。

「アルファ・シンドローム」というのも、耳新しい文言のひとつでした。

それは「犬はオオカミと同じ。チワワも小さなオオカミのようなもの。オオカミは群れを作り、その群れには序列があり、そのトップにいるオスをアルファという。群れのメンバーはアルファには絶対服従をする。子作りは、アルファのオスとメスの序列のトップにいるメスの間でしかなされない。獲物はアルファから順に食べ、いい寝床もアルファから確保する。序列の上位に行かなければ、いい食事、快適な寝床は手に入らない。まして子作りの権利はトップに上り詰めないと得られない。だから、群れのメンバーは常に上位を目指している。隙あらばより上位の座につこうとする」というものです。また「人間に飼われた犬は、人間家族を群れと見なし、そこでの序列トップの座を狙っている。アルファ・シンドロームとは、人間家族の中で上位を得るために起こしている様々な問題、あるいは犬が人間よりエライと勘違いして起こしてくる問題」の総称ということでした。

噛みつくのも、引っぱるのも、飛びつくのも、言うことをきかないのも、多くは、このアルファ・シンドロームによるものだというのです。現在では間違いとされてはいるのですが、当時は「目から鱗が落ちる」話として信じられたものです。

実はこのアルファ・シンドロームは、テリー先生からのルート以外からも日本に入ってきていました。そちらでは権勢症候群と訳され、書籍などでその後頻繁に紹介されるようにもなりました。

アルファ・シンドロームには、その予防法もあるともいわれていました。その予防法には、「オオカミの親がやっているとされる叱り方は取り入れるべき」といういわば体罰肯定派から、それを否定し「肉体的な苦痛は一切与えないでも予防できる」という体罰否定派まで、両極が存在していました。

前者のいう叱り方とは、大きく三つ。口吻をつかむ、仰向けに押さえつける、首根っこをつかんで振る、というものです。「オオカミはもちろん、母犬もやっている」と、まことしやかに語られていました。

テリー先生の教えは後者だったのですが、世の中の書籍に記されているのは、前者が圧倒的に多かったのです。勉強不足の私は、この両者の違いを十分に理解せず、一緒くたにしていました。

ある時友人S・Yから、

「モモが歩いていると足にじゃれて噛みついてくる、どうしたらいいか」

という相談を受けました。

「首根っこをつかんで持ち上げる方法がいいって聞いてるよ」

私はそう答えたのです。

プーを飼いはじめると、プーも私の足にじゃれて噛みついてきました。私はS・Yにアドバイスしたように自分でもやってみたのですが、しかし良くなるようにはとても思えませんでした。そして今一度、テリー先生の教えを紐解くことにしました。そこには、『首根っこをつかんで振る』を、犬がやっていると信じるに足る報告はない。見たこともないし、見たという人も知らない」とありました。

私はプーの首根っこをつかむことをすぐにやめました。しかし、このことをS・Yに伝えるのをすっかり忘れていたのです。

そしてそう間を置かず、S・Yからまた相談の電話がかかってきました。

「最近、モモが背中をなでさせてくれないんだけど」

あ～、モモちゃん、ごめん！　私がウソを教えてました。

S・Yには、間違った情報だったと丁重に伝え、しばらくはフードを与えながら背中をなでるようにアドバイスをしました。

幸いにもモモちゃんはしばらくして、背中を平気でなでさせてくれるようになったのです。

いい叱り方、悪い叱り方

「叱る時は叱る、ほめる時はほめる」

多くの飼い主は、なんとなくしつけとはそういうものとイメージするようです。私もかつてはそう考えていたので、よくわかります。

「叩く、蹴る、はダメ。マズルをつかむ、仰向けに押さえつける、首根っこを持ち上げて振る、もダメ。だったらどう叱ればいいの？」

と疑問を持つのもわかります。これも私がそうだったからです。

そして、

「正しい叱り方を知りたい」

という思いに至るのも自然な流れでしょう。実際、今でも多くの飼い主に叱り方を尋ねられます。

私も犬のしつけの勉強をしはじめた頃は、「効果的な叱り方」は存在するもの、誰かが知っているものと、考えていました。

しかし今では違います。

「正しい叱り方はありませんか？」

と質問されれば、今では自信を持って次のように答えます。

「ありません」

と。そして、

「叱らなくても困った行動は改善できますから、その方法を知ることです」

と続けます。

そもそも「叱る」とは、「不快な刺激を与え次からその行動を取らせないようにする」ということです。動物実験などを通じて理論づけられている学習の心理学の定義では「正の罰」といいます。

ただ、この「正の罰」を成立させるには条件があることもわかっています。その条件とは、与える不快な刺激に「適切な強さ」があること、その不快な刺激が減らしたい行動に対して「毎回必ず」「即座に」与えられること、というものです。しかし、これら三つの条件を、実際の生活の中で満たすのは不可能に近いのです。

プーを飼いはじめて悩まされたのが、ゴミ箱漁りでした。このゴミ箱漁りで「毎回必ず」「即座に」を満たすためには、ゴミ箱を見張っているか、プーを常に監視するしかありません。

さて三つの条件が満たされなければどうなるか？　これはスピード違反で捕まった人がどうなるか、という問いの答えと同じです。スピード違反で捕まった人は、何を考えるでしょう。

捕まらない程度に速度オーバーで走ったり、レーダー探知機を取りつけたりと、どうすれば捕まらないかを考えるようになります。

犬も同様です。どうすれば罰せられずに目的を達成できるか、ということに知恵を絞るようになります。すなわち飼い主の目を盗むようになるのです。

ではどうすればいいのか。

ゴミ箱を漁るのはゴミ箱の中に食べ物のカスがあったり、ぐしゃぐしゃにできるティッシュがあったりするからです。すなわち、ゴミ箱を漁るのは、食への欲求と遊びへの欲求が、ゴミ箱漁りで満たせるからなのです。

「結果的にいいことが起きた行動の頻度を高めていく」という、学習の心理学における定義の「正の強化」というパターンにはまってしまうのです。

習慣化を断つためには、まずはその行動をさせないことです。簡単なのはゴミ箱を蓋つきのものに変えることです。並行してオイデをしっかりとトレーニングすることです。ゴミ箱に鼻を突っ込みそうになっている犬をオイデで呼び寄せることができれば、叱る必要などありません。加えてフセ・マテも教えることです。犬を部屋に残して飼い主がその場から離れても、マテがしっかりできていればゴミ箱を漁られることはありません。

そういえば、プーが1歳になった頃、こんなことがありました。

「あれ？　塩がない」

私は庭でバーベキューの用意をしていました。塩がテーブルにないのに気づき、その場を離れたのは、ほんの10秒ほどだったでしょうか。

今であればマテがしっかりできるまでは、こういう状況で目を離す時はクレートで待機させます。確実なマテができればマテをかけてその場を離れます。しかし、当時は普通の飼い主と大差ありません。プーを庭に自由にさせたまま、その場を離れてしまったのです

戻ってきてテーブルを見ると、はっきりとはわからないが何かが違う。

テーブルの上をチェックしました。

「あっ！」

カルビ、ロース、野菜類……とお皿をひとつひとつ確認していくと、何も乗っていない皿がひとつあったのです。そのお皿には、ついさっきまでタンが２人前乗っていました。

「プーのしわざだ！」

プーを見ると、ちょっと離れた位置であさっての方向をむいて知らん顔しています。私はただただ苦笑いをするしかありませんでした。

プーが私の目を盗むようになったのは、私が叱っていたからに他なりません。叱らなくても問題は改善できる。でも当時はそれを知らなかったのです。

ごめんなプー、いろいろ叱っちゃって。

感電しちゃうぞ

「家が食いつくされる！」

シロアリに！　ではありません。プーに！　です。

2回目のワクチンが済んで、ひと月半程度経った頃の話です。

仕事のある日は、プーは私と一緒に新宿の百貨店のショップに出勤していました。朝晩通勤途中の公園でお散歩、ショップでは1日数回屋上でトレーニング、というのがその頃の日課でした。

私が相手にできない時や移動中は、ハウスで待機するのが常でした。ハウスに入っている時間がそれなりに長いので、帰宅後は庭でなるべく自由にさせる時間を取るようにしていました。休日も、お散歩やトレーニングの時間以外は、庭にいる時間が長くなっていきました。

プーは、他の子犬たち同様になんでも口にして、噛もうとしていました。庭には噛まれて困るもの、口にすると危険なものはないように、注意していました。ただ注意しきれないものもありました。

「え、こんなものも？」

というものもいくつか噛んでいたのです。

そのひとつが「家」でした。

噛むといっても、雨戸の樋の縁など、家の外回りの木部が主でした。このまま放っておくと、本当に家をプーに食いつくされるんじゃないかと心配したものです。

参考までにお話しすれば、犬は生後3週齢頃から歯が生えはじめ、3~4カ月齢頃から大人の歯への抜けかわりがはじまり、生後6~8カ月齢の第2次性徴期までに抜けかわりが終了します。

その間は何か適当なものを噛むように生まれつきプログラムがなされているのです。特に激しいのは、抜け替わりがはじまる頃からしばらくの間です。

プーに家を食いつくされるのではないかと思ったのも、まさにその時期でした。

噛むことに対する欲求は、6~8カ月齢頃に訪れる第2次性徴期以降は弱くなっていくのですが、それ以前に噛むのを許していたものは、その後も噛んでよいもの、と理解させてしまう可能性があります。ですので、将来噛んでほしくないものに対しては、それなりの対応が必要となるのです。

対応は大きく四つ。

一つ目は、噛まれて困るものは「しまう」です。例えば玄関の靴を噛むのなら、靴は靴箱に入れるようにすることです。

二つ目は「行かせない」です。ドッグゲートなどを設置して、玄関まで行かせないようにすれば、靴は噛まれません。

三つ目は「つまらなくする」です。例えば家具の脚を噛むのであれば、アクリルや金属の薄い板で家具の脚を覆ってしまいます。動く足にじゃれつき噛みつくのであれば、噛んできたら動きを止めてしまう。犬は動くものを追いかけ噛みつく習性があります。動かない足は、面白みがない。噛みつくのをやめる犬も少なくありません。

四つ目は「まずい味付けをする」です。噛みつき防止のスプレーが、ペットショップなどで売っています。市販のもので効かない場合は、効くものを探します。今までに生徒さんたちが「これが効いた」と教えてくれたものを紹介すると、ラー油、タバスコ、生姜汁、センブリ茶などがあります。

「まずい味付けをする」というのは「行動の結果、嫌なことが起きるとその行動を取らなくなる」という行動原則、学習心理学でいうところの「正の罰」に基づいています。「正の罰」には「適切な強さ」があること以外に、その不快な刺激が減らしたい行動に対して「毎回必ず」「即座に」起きる、という条件を満たす必要があります。効くものが探せたら、それを噛まなくなるまで「毎回」塗布することです。10分で効かなくなるのなら9分ごとに必ず塗ることです。

これらを徹底しないと、いつまで経っても「正の罰」の効果は期待できません。プーの家かじりに対しては、「まずい味つけをする」という方法を取りました。幸いプーにはビターアップルという市販のスプレーが効きました。

かじり倒されたもので困ったものが、もう一つありました。アース線です。当時の家は、洗濯機が2階の北側にありました。アース線は建物の北側の外壁を伝って地面まで伸びていました。プーはそれを噛み切ってしまったのです。

単につなぎ直してもまた噛み切ってしまうのはあきらかでした。感電の恐れもあります。いずれにしても、そのままにしておくわけにはいきません。

そこで考えたのは「つまらなくする」という対応策でした。ホームセンターでステンレスのパイプを買ってきて、その中にアース線を通す形でパイプを地面に突き立てたのです。プーが噛める高さにあるのは、ステンレスのパイプです。噛み心地は決していいものではありません。これでプーのアース線噛みは、一件落着となったのです。

ここで忘れてならないのは、第2次性徴期までは、噛むようにプログラムされているということです。噛んで欲しくないものに対しては適切な対応をし、一方で噛んでいいものを与えないといけないのです。

プーの噛みつき欲求を満たしたのは、主として牛皮のガムと、ロープを結んだおもちゃでした。

噛んでほしくないものは、「しまう」、「行かせない」、「つまらなくする」、「まずい味つけをする」。一方で、噛みつき欲求を満たす。

遊び好きだったプー

噛みつき欲求とひと口にいっても、それには2つあります。

ひとつは動くものを追いかけて噛みつく、そうした興奮を伴った噛みつきへの欲求です。もうひとつは、カジカジと対象物をかじり倒す、興奮をあまり伴わない噛みつきへの欲求です。前者は、獲物を捕まえる行動の代替行為。後者は骨の髄までシャブリ尽くす行動の代替行為、のようなものです。

噛みつき欲求を満たすというのは、この両方の欲求を満たすということです。

前者の欲求は犬同士であれば、お互いに追いかけあい、噛みつきあう遊びで解消しています。

ただ、犬同士で噛みつきあうような遊びを、人間に対してさせるわけにはいきません。飼い主との遊びで、犬のこの欲求を満足させるのに最適なのは、引っぱりっこ遊びとなります。

おもちゃを地面に這うように、小動物が逃げ回るように動かせば、犬はそれを追いかけ噛みつこうとします。噛みついてきたら、犬が引っぱる力と同程度の力で引っ張り返します。プーが好きだったのは、ロープを編んだようなおもちゃでした。

上手な引っぱりっこは、くわえているものを放す「チョウダイ」を教えることができ、さらには興奮を自ら静めようとする「クールダウン」の回路を犬の脳に作ることができます。犬が興奮してきたら、フードを握り込んだグーの手を犬の鼻先に近づけ、フードの匂いを嗅がせます。犬はフードの匂いを嗅ぎつけると、フード欲しさに口をゆるめます。そしてフードを提供すると同時に、おもちゃを口から回収します。「おもちゃを放すといいことが起きる」ということを伝えるわけです。これは学習理論における「結果的にいいことが起きる行動の頻度を高める」というパターンそのものですから、やがて犬はグーの手が鼻先に近づくだけで、口をゆるめるようになります。

スムーズにおもちゃを放すようになったら、グーの手を近づける直前に、「チョウダイ」という言葉がけをします。これも繰り返していると、犬は「チョウダイ」という言葉を耳にすると、おもちゃを放すようになるのです。

さらにおもちゃを放したら、そのおもちゃを犬が飛びつけない高さまで引き上げ、落ち着くまで待ちます。ほとんどの犬は上を見上げることで、お座りの姿勢を取りはじめます。犬のお尻が床に着いたら「OK」などの声がけをしてゲームを再開するようにします。

こうすることで「落ち着くとゲームがはじまる」すなわち「落ち着くといいことが起きる」ということを犬に伝えられ、やがて犬は遊びたい時に、落ち着こう、落ち着こう、という行動を自ら見せるようになるのです。

プーはすぐに「チョウダイ」を教えていたおかげでしょう。人間に対して、ものを守ろうとする行動は、生涯を通じて一度も起こすことはありませんでした。

大きなアヒルのおもちゃも、お気に入りでした。他には、ボールに120センチほどの吹き流しのような布が付いたおもちゃでも、よく遊びました。

かじりたおす対象としては、ガムが大好きでした。家の外壁の木部を噛んでいたのですから、木のおもちゃを与えてあげれば良かったのかもしれませんが、当時木のおもちゃを私のショップでは扱っていませんでした。

以上のように、噛みつき欲求が満たせる引っ張りっこ遊びをする、ガムを与える、一方で噛んで欲しくないものは、「しまう」、「行かせない」、「つまらなくする」、「まずい味つけをする」。これらを徹底することで、プーの甘噛みの問題は消失していきました。

ちなみに、成長してからは、よく知育玩具でも遊びました。

知育玩具とは、鼻で押したり前足でたおしたり、試行錯誤を繰り返していると中のフードが出てくるといった類《たぐ》いのものです。最初に夢中になった知育玩具はバスターキューブというおもちゃでした　晩年はドッグ・ピラミッドがおきに入りでした。

こうしたおもちゃは、噛みつき欲求を満たせるわけではありませんが、それに夢中になっていれば他のものを噛まないわけですから、いたずらの防止にはなります。

雨の日のエネルギー発散、ストレス発散にも、役立っていたように思います。

歯にいいと本に書かれていたので、一度かじりたおす対象として骨を与えたこともあります。近所の肉屋さんで豚の大腿骨を購入し、それをゆでて火を通し、冷ましたものをプーに与えました。プーは喜んでカジカジしたのですが、ウンチがゆるくなってしまいました。しかも、骨頭の部分は丸々ウンチといっしょに出てきました。

これでは消化にも悪く、腸閉塞の原因にもなりかねません。プーは喜んでいたのですが、健康のために、それ以来骨をあげることはありませんでした。

キツネかも

プーは生後5カ月齢頃、よく子どもたちにキツネに間違えられていました。

砧公園でも、夏休みのキャンプの帰りに立ち寄った牧場でも、そして近所でも、

「キツネですか？」

そう子どもたちに尋ねられたものです。

その頃のプーは細身で、耳も立っていて、色もキツネ色だし、確かにそう言われてみれば、キツネに似ていなくもありませんでした。

プーを迎え入れた時、上の子どもは幼稚園の年長さんでした。幼稚園の夏休みが終わり、新学期がはじまりました。プーは5カ月齢になっていました。

その頃からでしょうか、子どものお迎えにプーも一緒に幼稚園へと連れていくようになったのは。帰りの時間になると、子どもたちは先生の近くに集まります。親たちは園庭に一列に並びます。親が並んだ順に子どもたちは呼ばれ、親たちに引き渡されます。

プーもその親たちの列に一緒に並びました。初めてプーを連れ園庭に入った時は、何か注意されるかもと思ったのですが、先生たちには何も言われませんでした。考えてみれば、幼稚園自らが移動動物園などを呼んで、動物たちとの触れあいを積極的に行っていました。動物に慣れ親しむことが、教育上望ましいと考えていたのでしょう。

その幼稚園は、家の近くを流れる野川沿いに建つ団地のはずれにありました。隣はちょっとしたグランドです。その隣には、すり鉢状の遊具というか、遊び場がありました。すり鉢

の直径は15メートルほど。中央の部分に砂場がありました。縁から砂場までは2メートルほどの高低差があったでしょうか。周辺部から砂場に向かって、滑り下りることができました。子どもたちは幼稚園から出ると、何かしらの予定がなければ、そのグランドやすり鉢状の遊び場でひとしきり遊んでから帰ります。

プーと私は、子どもたちの遊ぶ姿を見守るのが、いつものことでした。

私はベンチに腰かけます。プーは私のそばで、座ったり、伏せたり、立ったり所在なげにしています。近くを子どもたちがキャーキャーいいながら走り回っています。プーに興味のある子どもたちが、近くに寄ってきます。

「これ、犬？　キツネ？」

と女の子が訊いてきました。

「キツネだよ」

私はいたずら心をだして、女の子に答えます。

「ウソだぁ、犬でしょ犬」

「あれ犬だったかなぁ、触って確かめてごらん」

触って犬かキツネかなどわかるわけがありませんが、そういうと女の子はプーの背中に手を伸ばしてきました。

プーの毛は柔らかくて、ふかふかしています。

「ぬいぐるみと違うでしょ。温かいでしょ、生きている証拠だよ」

女の子は急に興味が無くなったように、どこかへ行ってしまいました。

犬は少し怖いけど、でも興味があるという子も寄ってきます。

そうした子はプーの背後から近づいて、急に触ろうとします。触るだけではなく、急にシッポをつかんだり、耳を引っぱったり、毛をつかんだり、中には棒きれでつつこうとする子もいます。

「犬だ、絶対」

プーはどんなことをされてもちょっとビックリするくらいで、あとは子どもたちにされるがままにされていました。プーはすでにさんざんといっていいほど、うちの子どもたちに触りまくられていました。下の子はまだ3歳前でした。「やさしく触って」といっても、触り方の加減などできません。そんな下の子にも触られていたからか、多少乱暴な触り方も受け入れることができたのでしょう。

でも他の犬にそうした触り方をするのは危険です。場合によっては噛まれる可能性もあります。

私は、特にいきなり触ってきた子どもには、必ずといっていいほど次のことを伝えていました。

「この子は大丈夫だけど、他の犬は急に触ったり、つかんだりすると、怒ったりするよ。まずは飼い主に触っていいか訊いてから、触るんだよ」

子どもたちは一瞬戸惑いを見せます。

「わかった?」

と言葉をかけると、

「ハーイ」

といって、風のごとくどこかへと行ってしまうのも常でした。

子どもたちに揉まれるという体験を、プーは4年間続けました。上の子が卒園するのと入れ替えに、下の子が年少さんとして入園したからです。下の子が入園する頃には、プーはキツネにはもう見えませんでした。でも子どもたちの気を引かずにはおれない存在だったのでしょう。プーはいつも子どもたちに触られ、もみくちゃにされていました。

「子どもってのはしかたがないなぁ。まぁ黙って相手してやるか」

そんな心情だったのでしょう、プーは。

ほとんどの子どもたちは、プーと触れあったことなど思い出すことはないでしょう。でも、プーとの触れあいは、多くの子どもたちの心のどこかに、温かい何かを残しているに違いありません。

初めて吠えた

正直いって驚きました。プーが吠える姿を見たのは、初めてのことだったからです。5カ月齢に入ってのことでした。プーはうちにきてから、キューキューいうような鳴き声は発していたのですが、こうした吠えを見せたことは一度もありませんでした。

「吠え方を知らないいんじゃないのか」

妻とはそう話したこともありました。

吠えた相手は、よりによって私の母親でした。

母は中野の実家で暮らしていました。私がたずさわっていたペットショップは、元は父が立ち上げたものです。私が28歳の時に父は60歳で他界しました。私が広告会社を辞め、コピーライターとペットショップオーナーの二足のわらじをはきはじめたのは、33歳の時です。父が亡くなり、私がその後を継ぐまでの5年間は、母がペットショップの切り盛りをしていました。

ショップは新宿の百貨店内にありましたが、登記簿上の会社の所在地は実家の住所となっていました。会社宛ての郵便物は実家にすべて届きます。車庫を倉庫代わりにもしていたので、私は週に何回かは実家に出向いていました。

私とプーは常に行動を共にしていたので、その日も車で実家に立ち寄りました。郵便物を確認し、少し散歩をしようとプーを車から降ろしました。母は私の車が家の前に止まるのがわかると、よく玄関から出てきていました。その日も同じでした。

玄関から出てきた母が、

「こ～んばんは」

と声をかけながら近づいて来ました。

母親の姿を見て、プーは後ずさるような動きを見せました。母親はさらに近づいて来ます。吠えたのはその時です。

「失礼ね、この子、吠えたわ」

母親と初めて会ったわけではありません。

後々勉強していく中でわかったのですが、多くの犬は「子ども」あるいは「年配者」を警戒するようになる傾向があります。

核家族では、この二者はまさに社会化期の社会化がなされにくい対象だからです。身近に年配者、あるいは子どもがいない環境で、社会化期を過ごすことが少なくありません。その結果、積極的な社会化を行わない限り、「子ども」、「年配者」を警戒するようになってしまうのです。

社会化期とは、警戒心よりも好奇心が上回っている時期ともいえます。しかし社会化期が終わると、それが逆転していきます。警戒心の方が好奇心を上回っていくのです。

動物とは本来警戒心が強いものです。警戒心が弱ければ、生きのびられる確率は低くなってしまいます。ちょっと気になるからといって近づいた結果、相手に襲われてしまうなどといったリスクが高まるからです。しかし、生まれてから警戒心ばかり強くては、何が食べられるものなのか、何が自分にとって利益をもたらすものなのか、何が自分に不利益をもたらすのか、何を避けるべきなのか、が確かめられません。

そのため、ある時期まで警戒心よりも好奇心の方が強くなるように、プログラムがされているのです。この社会化期に身近に存在し、自分に不利益をもたらさないと確信できる存在、あるいは自分に利益をもたらせる存在、と理解できればその存在を警戒するようにはなりません。

この時期に身近に存在しないものは確認のしようがありません。結果、社会化期が終わると、相手を警戒するようになってしまうのです。

プーは家に来た時から、小さな子どもがそばにいる環境、小さな子どもたちにもみくちゃにされる体験をしていたので、子どもにはよく慣れていました。一方、年配者との触れあいが少なく、結果として慣らしが十分にできていなかったようです。

当然、母親への慣らしも不十分だったということです。

遅まきながら、母親にフードをあげてもらうようにしました。以降、実家を訪れるたびに、プーは母親からフードをもらうこととなりました。幸い、プーは母親に二度と吠えつくようなことはありませんでした。

社会化期が終わると、子犬は積極的な慣らしを行わなかった対象に対しては、警戒するようになる。これもプーが私に教えてくれたことの一つです。本当にプーは私にいろいろと教えてくれました。

それまで平気だと思っていたものが、実は意識に上がっていなかったという、すなわちその存在に気づいていないといったケースもあります。気づかないままに社会化期を終え、その後その存在に気づいて警戒する、そうしたことも起こります。

プーが怖がる対象をどんどん増やしていったのは、まさに社会化期が終わってからです。

「え、こんなものも怖がるの？」

5カ月を過ぎた頃からは、プーの毎日は苦手なものへの慣らし、その連続だったように思います。

飛び退いたプー

「危ない！」

狛江から仙川に抜けるバス通りでのことです。

プーと進行方向左側の歩道を歩いていました。私は基本的にプーを私の左側に並ぶように歩かせていました。車道とプーの間に私が入るような位置関係です。

初めてそこを歩くわけではありませんでした。獣医師から許される一般的なお散歩をはじめて、すでに1カ月半程度経過していました。その間、毎日のように歩いていた歩道です。

進行方向左側の歩道を歩いているので、車は私たちの右側を追い抜くように通過していきます。そうした体験もプーはすでに何回もしているはずでした。しかし、その日はそれまでとは違う反応を見せたのです。

いきなり1メートルほど、車道と反対側に飛び退いたのです。

とっさのことなので、私は何が起きたのかよくわかりませんでした。

「どうした？　プー」

何か足に刺さるようなものでも踏みつけたのかなとも思い、足裏のパッドをチェックしてみました。でも何も異常は確認できません。

「なんでもないじゃないか」

とまた歩きはじめた時です。さっきと同じ行動を見せたのです。

「そういうことか」

私は、プーが飛び退いた状況の共通点に気づきました。それは、いずれも「車が脇を通過する瞬間」だったのです。

飛び退いた原因を確認するために、次の車が来るのを待ちました。するとやはり、プーは車が脇を通過する瞬間に、１メートルほど脇に飛び退いたのです。

プーは５カ月齢を迎える頃から、それまでなんでもなかったはずのものを、いろいろとこわがるようになっていました。

「車もこわがるのか……」

今考えれば「社会化期とは何か？　社会化とは何か？」を十分に理解していなかったということです。犬の飼い方を学ぶ上で「社会化」という言葉さえ上がってこない時代の話です。ＪＡＨＡの養成講座の中で学んではいたのですが、それはあくまでも耳学問の世界です。もちろん、当時の他の一般の犬に比べれば、社会化を多少は行っていたわけですが、不十分だったということです。

「こわがるものは少しずつ慣らす」

JAHAの養成講座で学んでいた「系統的脱感作」を通過する車に対してすぐにはじめることにしました。

系統的脱感作は、逆条件付けと抱き合わせで行っていきます。苦手なものを好きなものと結びつけて、少しずつ苦手ではなくしていくというアプローチです。

これを通過する車に対して行うとすれば、まず車が通過しても飛び退かずにフードが食べられるぎりぎりの距離を探ります。

その位置で、車が通過したらフード、車が通過したらフード、ということを繰り返すのです。すると、車が通過するという状況が、フードがもらえる状況なのだということを、犬は次第に理解していき、やがて、その距離はなんでもない距離となっていきます。犬にとってその距離がなんでもなくなれば、フードが食べられるぎりぎりの距離が少し詰められるはずなのです。そこで、今度はその詰めた距離で同じことを行います。これを繰り返すことで、最終的にすぐそばを車が通過しても平気なように慣らしていくのです。

私は、バス通りと直角にぶつかる車の往来のなさそうな脇道に入り、バス通りから20メートルほど離れた位置で、車が通過したらフード、通過したらフードを繰り返しました。フードが食べられることを確認しつつ距離を詰め、その日は走り去る車の3メートルほどの位置まで、近づくことができました。

こうした慣らしを繰り返すことで、3日程度でプーは脇を車が疾走する歩道を平気で歩けるようになりました。

「子犬の社会化とは、人間社会に暮らすからゆえに受ける、聴覚、視覚、触覚などの各感覚器官からインプットされる脳への情報に対して、脳が過剰な反応を示さないように慣らしていくプロセス」

今では生徒さんたちに、そう説明しています。

「人間社会で暮らさなければ、遭遇しない、受けない刺激に対して、積極的な慣らしをしなければ、犬たちはそうした刺激を拒絶するようになる可能性が高い」

とも話しています。

人間社会に暮らさなければ、車にも、電車にも、バイクにも遭遇しません。掃除機にも出会いません。人間にも触られません。抱かれることも、ブラッシングされることも、歯みがきをされることもありません。

そしてこれらは小さいうちから積極的に慣らさないと、苦手になり、さらにはその苦手も克服しづらくなっていく。だから、小さいうちから慣らす必要があるのです。

プーが5カ月齢を超えてからこわがるようになり、克服していったものはまだまだありました。

固まったプー

飛び退くのではなく、急に固まって動かなくなる、そんな対象も出てきました。

プーは飼いはじめの時から毎日のように、職場である百貨店の9階にあるペットショップへと、私と一緒に出勤していました。

ショップへの行き方は、百貨店地下の荷物搬入のための駐車場からあがるルートと、2階の従業員入り口からあがるルートの、2つがありました。

従業員の入り口からのルートは、入り口近くの建物東側のエレベーターにまず乗って8階で降り、そこから建物北側を通る従業員通路を抜けて建物西側まで行き、建物西側にあるエレベーターで9階まで上がるというものでした。従業員入り口近くのエレベーターで9階まで上がらないのは、9階にはショップがある、建物の西側へと抜ける従業員通路がなかったからです。

従業員の入り口から入るルートは、最初のひと月ほどはプーも小さかったので、すべてキャリーバッグに入れての移動でした。3カ月齢を迎える頃には8階でプーをキャリーバッグから出し、そこから先は歩かせるようにしていました。

百貨店の従業員通路は、いつも在庫の商品で溢れていました。はだかのマネキンなどもエレベーターの前には置かれていました。

4カ月齢を迎える頃には、従業員の入り口から8階のショップまで、すべてを歩かせていくようにしました。

ことはこの建物の東側から西側へと抜ける、従業員通路で起こりました。

通路の距離は、100メートルぐらいはあったでしょうか。プーはある日、中間地点でぴたりと止まり、一歩たりとも前に進まなくなってしまったのです。

「昨日まで平気で歩いていたのに……」

ひょっとすると、昨日まではなかった何かがあるのかも知れません。私は周囲を見回してみました。しかし、これといった特別な変化は感じとれませんでした。

プーはフードで誘っても、まったく動こうとしません。困りました。何かをこわがっているのは確かでした。

「何がこわいんだろう?」

私は周囲にあるものを確認することとしました。動かせるものはひとつひとつ、プーに少し近づけてみたのです。

「これかぁ……！」

こわがっているものが何かがわかりました。それは、赤い消火バケツだったのです。不思議でした。なぜならその消火バケツは、その従業員通路に常にあったのです。それまでに、その前を何回と通り過ぎたかわかりません。

なぜ、プーは急に消火バケツをこわがったのでしょうか。

たとえば車の場合は、かつて遭遇していた車よりも速いスピードで大きな音を立てていたためにビックリして、それ以降普通の車もこわがるようになるなど、こわがるようになった経緯を想像できます。でも今度の相手は、消火バケツです。動くこともないし、音も発しません。

ずっと後になって、脳のことをいろいろ勉強するようになってわかったのですが、プーはその消火バケツを認知できていなかったのでしょう。我々も視界に入ったものをすべて認知できているわけではありません。車を運転している時は進入禁止の交通標識に気づきますが、歩いている時にはほとんど気づきません。認知していないもの、気づいていないものは、そこに存在していないのと一緒です。

プーは、おそらく歩けなくなった日に、初めて消火バケツを認知してその存在に気がついたのでしょう。

人間もそうですが、いつもと違う状況に動物は不安を覚えます。

毎日歩く駅へと向かう道に、昨日まではなかったものが急に存在したとします。その物体が、通勤路にあって当たり前のものであれば驚きませんが、不自然なものであれば違和感を感じて、なんとなく不安を感じます。

赤い消火バケツは、プーにとってそれまでなかった、それも不自然なものが、急にいつもの通り道に置かれていた、ということなのでしょう。

私はバケツから少し離れたところにフードをばらまきました。そして、少しずつフードをばらまく位置を、バケツへと近づけていきました。数分もしないうちに、プーはバケツの匂いを嗅いで、何事もなかったようにバケツの脇を通過してくことができました。

そういえばこんなこともありました。歩道の中央に緑のビニールシートが、左右90センチ、奥行き60センチ程度にたたまれて置かれていたのです。

歩道の真ん中にそんなものが存在していたためしはありません。プーはその緑のビニールシートの前で立ち止まり、固まってしまったのです。もちろん、フードを使って少しずつ慣らし、数分後には何事もなかったようにシートの上を平然と歩いてはいましたが……。

プーがほかにこの時期怖がったものは、アイドリング状態で停車しているディーゼル車のそば、新宿公園の電話スタンド、噴水などがありました。

怖がるものをひとつひとつ克服していく。その作業は、私のインストラクターとしてのスキルをかなり高めてくれたと思います。

若すぎた初テスト

「ソーリー」

テストの終わり、不合格を告げるテリー先生の一言でした。

フセの姿勢でマテをかけ6メートル離れ、そこから戻ってくる。まさにあと一歩、というところでした。そこでプーは、フセからオスワリへと体勢を変えてしまったのです。

テストというのは、JAHAの家庭犬インストラクター養成講座のカリキュラムにおいて、それをクリアできないと上の段階には進めないという関門、ドッグ・トレーニング・テストのことです。

これはアメリカのケネルクラブの「ケーナイン・グッド・シチズン・テスト」をベースに、日本向けにアレンジされたものでした。ケーナインとは犬のことです。グッド・シチズンとは、直訳すれば「良き市民」。すなわちこのテストは、飼い主と犬のペアが、良き市民として振る舞えるマナーを身につけているかをチェックするためのテストなのです。

結果的に私とプーは、このテストを3回受けることとなります。

初めて受けたのは、プーが7カ月齢を迎える前でした。このテストを一緒にクリアするというのが、プーを飼いはじめた理由の一つでもありました。私はこのテストに合格することを目標に、飼いはじめの時期からトレーニングを進めていました。

テストは10数項目からなり、すべてをクリアできないと合格には至りません。1番目の項目からスタートし、途中で一つでもクリアできなければその時点で、テストは終了となってしまいます。

初めて受けたその時のテストは、アメリカのテストの内容にかなり近いものでした。

ひとつひとつの項目は、

「ハジメテイイデスカ？」

という、ジャッジであるテリー先生の問いかけに、

「はい」

と返事をするところからはじまります。そして、

「オシマイデス」

というテリー先生の合図で終了となります。

問題がなければ「ゴウカクデス」あるいは「グッジョブ」、不合格であれば「ソーリー」と、

項目ごとに結果が伝えられます。

「ソーリー」はその日のテストはそこまで、ということを意味します。一方、「ゴウカクデス」あるいは「グッジョブ」の一言は、次の項目に進めることを意味します。最後の項目で「ゴウカクデス」あるいは「グッジョブ」の一言が聞ければ、その日のテストは合格したこととなります。

他人が近づき飼い主に挨拶して去っていく間、犬はオスワリを維持する。犬のトレーニングレベルを確認する項目は、ここからはじまります。

私はこのテストに備えて、百貨店のショップにやってくるメーカーや問屋の人たちに協力してもらって、十分なトレーニングを積んでいました。プーを連れ立って屋上に出て、プーにオスワリ・マテを指示し、相手に近づいてもらい挨拶をしてもらっていたのです。

テスト項目には、オスワリ・マテの姿勢で「他人に体を触られる」というものもありました。これらも同様にいろいろな人に協力してもらってトレーニングをしていました。

トレーニングのおかげでテスト前半は、

「ゴウカクデス」

の言葉を次々と耳にすることができました。

テストは中盤へと進み、不安な項目が出てきました。それは「上手にお散歩ができるか」

という項目です。6カ月齢のプーは、実際のお散歩ではまだまだ引っぱりを見せていたからです。しかし私の心配をよそに、この項目もどうにかクリアできたのです。

不安だった項目のひとつをクリアできた私は「ひょっとして……」と期待しました。その次の項目でした、「ソーリー」の言葉を聞くことになったのは。

残念ながらプーの初チャレンジは、不合格に終わりました。

でも私はそれほどがっかりしませんでした。そもそも、この1回目は様子見で受けていたのです。プーは6カ月齢です。人間でいえば、まだ中学生。大人と同様の振る舞い、マナーを期待するには少し若すぎるだろうと、私自身思っていたのです。

初チャレンジ、しかも6カ月齢で、ここまでできれば上等。次は間違いなく合格できる、そうも確信しました。

ずいぶん後になってからなのですが、合格した犬が増えていくことで、ある傾向がわかりました。このテストに一発で合格できるのは、3歳ぐらいから上の年齢の犬だったのです。成長に伴う落ち着きというものも、テストに合格するには必要だったということでしょう。

合格を急いでトレーニングをしていた当時を振り返れば、私は教育パパのようなものです。プーにストレスをかけていたことは、間違いありません。もっとのんびりと、楽しめるように、トレーニングをしてあげればよかった。今ではそう反省しています。

他犬と挨拶させる真の理由

初めてのドッグ・トレーニング・テスト。テストの日取りを知ったのは、実施されるひと月半ほど前でした。プーが5カ月齢になる頃です。

私は2回目のワクチンを済ませて一般的なお散歩が獣医師から許されると、朝の通勤前には近くの原っぱで、あるいは通勤途中の公園で、出勤中は合間を見ては百貨店の屋上で、マテの練習を行っていました。

そのおかげで、プーはまだ5カ月齢前でしたが、マテは月齢のわりによくできていました。

「あと1カ月半あれば、どうにかテストを受けられるレベルにはトレーニングが進められるかもしれない」

私はテストの日取りを知り、月齢的に少し早いかなとも思いましたが、テスト対策のためのトレーニングをはじめることにしました。テスト項目のひとつひとつがどういった内容なのかを再度チェックしてみました。そこであることに気づきました。そのままだと、どうやってもクリアできそうもない項目があったのです。

それは、他犬とのすれ違いという項目でした。

プーにはお散歩中、社会化のためと思い、出会う犬、出会う犬に、次々と挨拶をさせていました。

「こんにちは」

お散歩をしている飼い主さんたちは、もちろん犬好きです。

「あら可愛い」

子犬を見つけると声をかけてきます。

「挨拶させてもいいですか」

私は必ずといっていいほどそう尋ね、大丈夫ということであれば、リードを長めに持ち匂い嗅ぎをさせ、問題がなければ遊ばせてもいました。相変わらず、ファーストコンタクトは上手とはいえませんでしたが、トラブルが起きるようなこともありませんでした。

しかし、いつも遊ばせていた結果、プーは他犬を見つけると興奮し、相手に近づこうとするようになりました。

他犬を発見すればもちろんですが、プーは他犬が近づいてくる気配を感じるだけで、そわそわしはじめるようにもなっていったのです。

原っぱでマテの練習をしていると、急にプーの集中が途切れることがありました。私には感じ取れない段階で、犬の気配を感じ取るのです。その後は決まって、

チャラチャラ

という鑑札の音が聞こえてきます。最終的には、犬が姿を現し、いつもの挨拶と遊びがはじまってしまうのです。

ドッグ・トレーニング・テストの「他犬とのすれ違い」という項目は、すれ違う途中で犬にお座りをさせ、飼い主同士が挨拶をするというものでした。途中引っ張ることも、買い主同士の挨拶の途中で立ち上がることも許されません。

今までの対応をしていれば、いつまでも課題をクリアできない、そう私は考え、まずプーが犬を見つけてもすぐには遊ばせずに、お座りをさせてから遊ばせるようにしてみました。一旦座らせ「ＯＫ」という指示で、匂い嗅ぎや遊びをさせるようにしたのです。しばらくすると、プーは犬を発見すると指示を出さなくても、犬の2メートルほど手前で自発的に座るようになりました。

でもテストにはパスできないであろうことは、想像できました。

犬を発見すると引っ張らずに座るのですが、歩き出すと相手に向かおうとするのです。

ここに至って、理解できました。

家庭犬の必要条件は、他犬がそばにきても飼い主に集中できることです。慣れていない対象が近づくと、気になって無視することなどできません。他犬を気にしないようにするために、他犬と遊ばせ慣らす。社会化期に犬同士を遊ばせるのはあくまでも手段であり、遊ばせることが目的ではなかったということです。

プーの社会化期はすでに終わっていました。ここからは、他犬を無視するためのトレーニングをする必要があります。私は他犬との触れあいを封印することとしました。犬を発見するとプーは座ろうとするのですが、座らせないように私は歩きつづけました。

すれ違う途中でプーは座ろうとしたり、犬に向かっていこうとしたりしますが、私はプーにつきあわずにとっとと行ってしまいます。すれ違った後も、プーは後ろ髪を引かれるように、相手の方に鼻先を向けて引っ張ります。それでも歩みを止めずに私は行ってしまうのです。そして、プーが他犬との遊びを諦め、私についてきてリードをゆるめた時に、フードを提供するようにしました。

ひと月ぐらいかかったでしょうか。遊ぼうとしても遊べない、遊びをあきらめて私に付いていけばフードがもらえる。少しずつプーはそう理解していったようです。やがて、上手にすれ違いができるようになっていきました。

その後は途中で座らせるということを加味していき、1回目のテストを受ける直前には、どうにか項目をクリアできそうなところまで、トレーニングを進めることができたのです。

ノー・ノーリード

「リードなしでもお散歩ができる」

ヨーロッパやアメリカなど、海外ではリードなしでお散歩をしている姿をよく目にします。

そうした海外事情を知った一部の飼い主たちは、ここである大きな落とし穴にはまります。

その落とし穴とは何かというと、

「ノーリードのお散歩はかっこいい」

「ノーリードのお散歩ができるのが上級レベル」

といったものです。

私もプーのトレーニングをはじめてしばらくは、この落とし穴にはまっていました。ですから、落とし穴にはまってしまう飼い主の気持ちもよくわかります。

ただ、リードなしでのお散歩を可能にするためには、それこそ2カ月齢頃からしつけ教室などに通って、ノーリードでのお散歩を目標にしたトレーニングを行っていく必要があります。リードなしでのお散歩をよく目にする国々では、人間の子どもを幼稚園、小学校、中学校、さらにはその上の学校へと通わせるのが当たり前のように、犬を飼いはじめたらスクールに参加させる。それを当然のように考えているのです。

リードをつけないでのお散歩の必要条件は、確実な呼び戻し、すなわちオイデの合図で100パーセントの確率で、飼い主の元に犬がやってくることと、確実なヒールウォーク、すなわちヒールとかツイテという合図をかけると、飼い主のそばを離れずに、歩きつづけることができることです。

残念ながら日本の飼い主は、そうした努力を知らずに、形だけをまねようとします。私もかつてそうでした。

そのための必要なトレーニングを十分に行わなければ、結果、何が起きるか？ 拾い食いをさせてしまう。拾い食いは時として犬を死なせてしまう結果をも招きます。車に轢かれてしまう。他人に飛びつく、他犬に飛びかかる。どこでウンチをしたかがわからないので、排泄物をそのまま放置せざるを得ない。

それ以前に、たとえ2カ月齢からトレーニングを重ね、十分なトレーニングを行い、リードなしでのお散歩ができるようになったとしても、実際にそれを外で行うのは日本では条例などで許されていない行為です。ノーリードでのお散歩は、日本では法を犯す行為なのです。

私の自宅の町名は西野川といいます。地名からわかるように、これは東側に野川という一級河川、都内では比較的大きな川が流れています。野川は下流に行くと多摩川に合流します。川の護岸から護岸の幅は、25メートルくらいあるでしょうか。両サイドはそれぞれ6メートルくらいの河原となっていて、雨量が多い時は別ですが、ふだんはそこを歩くことができます。上流の野川公園から下流の多摩川まで、その距離は20キロメートルに及びます。

護岸された壁面の上には歩道があり、河原へはこの歩道の所々にある、階段から下りることができます。

私は、この河原をよくプーと散歩しました。そして、時々はノーリードでのお散歩もさせていたのです。

時間帯にもよりますが、河原をお散歩している人や犬連れと、時々すれ違うこととなります。私は、人や、犬連れを見つけると、すぐにプーにリードをつけるようにしていました。私が相手の発見に遅れれば、それまで左を歩いていたプーは私から離れて犬に向かっていこうとします。この時、オイデで呼び戻せる確率はフィフティ・フィフティだったでしょうか。事故が起きなくて良かったと、今では心底そう思っています。

橋の上などからも、時々注意を受けました。注意されるとその時はリードをつけます。でも注意した相手が見えなくなると、またプーを放していました。本当にどうしようもない飼い主です。

犬のトレーニングは、欧米と比較して10年は遅れている。そう90年代では言われていました。すべてのお手本は、ノーリードでのお散歩が当たり前の欧米にありました。実際私も、そう思っていました。しかし、２０００年代に入り学習の心理学に基づくトレーニング方法が、世界中に広まるにつれ、その格差は縮まりました。

今やトレーニングの方法論に欧米と日本における違いはまったくなく、違うのはその教えるべき内容だけです。そしてその内容の違いは、各国の法や文化に基づいたささいなものです。日本の場合は、リードをつけていてもストレスなくお散歩ができるように、お散歩が楽しめるように、トレーニングをすることが重要なのです。

「ノーリードでお散歩ができるようになります」

ただ、残念ながら今でも一部のトレーナーたちは、法律を犯す行為をセールストークのようにしています。

「リードなしでも散歩ができるか？」

などといった問いかけをする翻訳書などもあります。

間違ってもそうした誘い文句に乗せられないように。くれぐれもご注意なさってください。

やってはいけない

「マズルをつかんで叱る」

「仰向けに押さえつけて叱る」

「首根っこをつかみ持ち上げ叱る」

「ノーリードでのお散歩」

私がプーにしていた、プーにさせていた、

「やってはいけない」

ことの数々。他にもあります。まずは、

「助手席に犬を座らせ、運転する」

海外のドラマや映画でよく目にするシーンです。犬が助手席の窓から顔を出し、喜んでいる姿などもよくあります。私もなんとなく、

「いいなぁ」

なんて思っていたもので、プーを一時期助手席に乗せていたこともありました。

でも、犬を家族、子どものように考えているのなら、これは絶対にやってはいけないこと

のひとつです。

車に乗る際、私たちにはシートベルトの装着が義務づけられています。子どもであればチャイルドシートが必要となります。では、なぜシートベルトやチャイルドシートの装着が義務づけられているのでしょうか？

チャイルドシートに乗せずに、子どもを助手席に乗せたらどうなるのか？　犬を剥き出しで、助手席に乗せるのはこれと同じことです。

犬を車に乗せる時は、小型犬であればプラスチック製のキャリーバッグに入れ、それをシートベルトで固定することです。これが万一の際、犬へのダメージを最小限に抑える術《すべ》となります。中型犬であれば、キャリーバッグあるいはクレートに入れ後部座席に乗せ、シートベルトに固定する。大型犬であれば、ステーションワゴンのワゴンスペースにクレートを置き、そこに犬を入れるようにします。

私がプーを車に乗せる際には必ずクレートに入れるようにしたのは、様々な事故を知ったからです。

「急ブレーキをかけたら犬がダッシュボードに激突し大けがを負った」

「助手席のウィンドウから身を乗り出していた犬がカーブで車外に落ち後続車に轢かれた」

「事故に遭った際、犬がフロントガラスに激突し亡くなってしまった」

「助手席の犬に気を取られ、子どもたちの列に車を突っ込ませてしまった」

不幸な事故は、探せば次から次へと出てきます。

「店の前に犬をつなぎ買いものなどをする」

これも「やってはいけない」のに、やっていた行為です。

買いものが終わるまでフセ・マテで待機できる。そこまでのトレーニングができているのが、上級レベル。私は一時期、そう考えていたこともあります。散髪が終わるまで、床屋の外でプーを、待たせていたこともあります。

しかしいろいろ学ぶ中で、やはりこれもやってはいけない行為と理解しました。代表的な事故が三つあります。

一つ目は、誰かに蹴りたおされ、犬が内臓破裂で死亡した事例。

二つ目は、犬が連れ去られてしまった事例。

いずれも自分の子どもと置き換えれば、簡単に想像できるはずです。幼い子どもをひとり店の外に残して、買いものをするでしょうか。まともな親ならしないはずです。

三つ目は、犬が子どもにケガを負わせてしまった事例。

プーが幼稚園のお迎えに行っていたくだりでお話ししたように、幼稚園児、あるいはそれ以下の子どもたちというのは、私たちが考える以上に、犬を乱暴に触ります。いきなり耳をつかんだり、しっぽをつかんだり……どんな犬だって、ビックリすることでしょう。嚙まなくとも急に立ち上がったりします。その犬の動きに、子どもがビックリし転倒し、ケガをすることがあるのです。

ことの流れからいえば、元々は急に犬をつかんだ子ども、あるいはそれを管理していなかった親に責任があるように思うのですが、もし損害賠償を求められたら、飼い主に勝ち目はありません。

なぜなら、犬をつないで飼い主がその場からいなくなること自体が、法律あるいは条例を犯しているからです。外で犬をどういった状態で管理すべきかを、日本では都道府県レベルの条例で、それを定めています。基本的には犬をコントロールできる人が、鎖などを手にして管理すること、となっているのです。

さて、やってもいいことか、それともいけないことか。もしそれをちゃんと吟味したいのであれば、以下の三つの視点からチェックしてみるといいでしょう。

まずは、法律・条例を犯していないか？　犯しているのならやってはいけない。次に、犬に悪影響はないか？　ケガをする、病気になるといったリスクがあるのなら、やってはいけない。最後は、周囲に迷惑をかけないか？　他人が不快に思うのなら、やってはいけない。

元々は、私も普通の飼い主の一人。一般の飼い主さんたちが、やってみたくなることの数々、そしてなんでそれらをやってみたくなるのかという気持ちも、よくわかります。ただ、ここであげた三つの視点から見て、一つでも引っかかるのなら、それはやはり「やってはいけない」ことなのです。

引っぱらないで歩く

「今伺った練習が、脚側歩行へとどうつながっていくのか、よくわかりません」

ＪＡＨＡの講座で、私はテリー先生に質問しました。

脚側歩行とはヒールウォークのこと。飼い主の左側にピッタリとくっつくように歩くことをいいます。

散歩中引っぱるという問題に対しては、

「引っぱったら止まる、リードをたるませたら進む」

というトレーニングで改善できると、説明された後の質疑応答の時間でのことです。

「引っぱったら止まる、リードをたるませたら進む」

それだけで引っぱりは改善できる、とテリー先生はいいます。

そうした対応を耳にするのは初めてでした。それがどう脚側歩行に結びついていくのかを、私は頭の中にイメージすることができませんでした。飼い主のそばにピッタリと寄り添って歩く姿、イコール、トレーニングされている犬の姿。そうした固定観念にとらわれていたからです。

私の質問に対して、テリー先生はこう答えました。

「脚側歩行とリードをたるませて歩くトレーニングは、まったく別のものです。リードをたるませて歩くトレーニングの延長に脚側歩行があるわけではありません。脚側歩行は、別のトレーニングで教えていきます」

どういうことだろう？

私は、ぴんときませんでした。脚側ではなく、リードをたるませて歩くことにどういう意味があるのか、それを教える必要がどこにあるのか、わかっていなかったのです。

当時のカリキュラムは、座学で学んだ後、合宿に参加し実際の犬を使ってトレーニング方法を学び、その方法で自身の犬をトレーニングして、ドッグ・トレーニング・テストに合格させ、さらに自身の犬を連れて合宿に参加してインストラクター技術を身につけるという流れでした。

リードが張ったら進めない、リードがゆるんでいると進める。これをプーが理解するに連れて、この歩き方の素晴らしさを実感することができました。リードを長めに持てば、プーはその範囲でリードをたるませて自由に歩くのです。どこを歩いていてもかまわないのです。どこを見ていてもかまわないのです。匂い嗅ぎも、引っぱらない限りは自由にできるのです。状況に応じて短めにリードを持てば、その範囲の中でリードをゆるませて歩きます。

今では、この歩き方はノーリードが許されていない日本で犬が最大限にお散歩を楽しめる歩き方ではないかと、私は考えています。

実際、私の生徒さんにはこの歩き方を必ず教えます。

一方、脚側歩行に関しては、オスワリの延長で教えるということをテリー先生から教わりました。オスワリを飼い主に並ぶように指示し座ったらほめ、また一歩歩いてはまたオスワリを指示し座ったらほめる。これを繰り返すのです。すると、犬は歩き出すと、すぐ指示がなくてもすぐに座るようになり、座るとほめてくれることがわかり、飼い主から集中を外さないようになるというのです。歩き出しには、ヒールという合図もかけるようにします。1歩ずつでの歩きがスムーズにできるようになったら、歩数を2歩、さらには3歩と増やしていく。その積み重ねが脚側歩行になっていく、というものでした。

脚側歩行に関しては、今ではもっと効率的で効果的な方法を、私は自ら編み出していますので、テリー先生には申し訳ないのですが、別のトレーニング方法を生徒さんたちには伝授しています。

テリー先生から学んだ二つの歩き方のトレーニングですが、リードをゆるませて歩く歩き方は、何も教えていない段階でもできる、一方、脚側歩行は外でオスワリがすぐできる位に飼い主に集中できる段階から、とも学びました。

「何も教えていない段階でもできる」

理屈では確かにそうなのですが、実際はそうはうまく行きません。好奇心が旺盛で、外が好きな犬は、お散歩の間、ず〜っと引っぱっているからです。

私はお散歩に出られるようになって間もないプーで、試してみました。引っぱったら止まる、リードをたるませたら進む、を繰り返しました。すると電信柱1本分進むのにも、何分もかかってしまうのです。

その頃の私は一般の飼い主同様、仕事前に散歩に出かけていました。引っぱったら止まるという対応をしていると、それまでの散歩コースを同じように仕事前に歩いてくることなどできません。いつもの30分の散歩が、何時間かかるかわからない。ついついイライラして、リードを引っぱり返してしまったりしたものです。

こうした経験を踏まえて、私の教室では「引っぱったら止まる、リードをたるませたら進む」という歩き方を、パピークラスでは指導していません。カリキュラムに出てくるのは、7回ある初級クラス中日です。飼い主との好ましい関係が少し構築できてきたところで導入すると、飼い主がイライラする状況にはなりにくいのです。

私は、テリー先生から教わったことは、一通りプーで試してみました。それを通じて、多くのことを学び取ることができました。プーは本当に私にいろいろなことを教えてくれたのです。

二回目のテスト

JAHAが実施するドッグ・トレーニング・テストは、年に二回予定されていました。不合格だった前回のテストから約半年経っていました。プーは1歳を迎えていました。

会場は横浜市港北区に新しく建てられた、日本盲導犬協会のトレーニング施設でした。前回のテストでの失敗を踏まえて、十分なトレーニングを積んできたつもりでした。

なんといっても、前回はテストを受けようと決めてから実際のテストまで、1カ月半程度しかありませんでした。でも今回は、半年の時間をかけることができました。それだけ、今回の合格は確実だと、私も自信を持って臨んだのです。

前回のテストでは、中盤まで「ゴウカクデス」の声を聞くことができています。万が一不合格でも、前回よりも先のステップまでは進めるはずだとも考えていました。

世話役のK先生からも、

「今回は大丈夫そうね」

と声をかけられました。

ただ、ことはそううまく運びませんでした。

「あっ」

私の体から、血の気が引くのがわかりました。

テストの内容は、前回のものと同じではありませんでした。アメリカのテストを参考に、日本向けにアレンジしているテストです。導入して数年はテストのたびに改定すべき点が浮かび上がり、その内容を微調整していたのです。

テストの変更点は、今ならインターネットを通じて簡単に情報を入手できるでしょう。しかし、当時はインターネットが普及していません。私はテストの当日に、その内容の変更点を知ることとなりました。

スワレ、あるいはフセ・マテで6メートル離れ、戻ってくるという項目はなくなっていました。この項目に関しては、前回不合格になったこともあり、入念にトレーニングを積んできただけに、残念な気もしました。

プーの番がやってきました。

トレーニングレベルを見る項目の1番目は、変わっていませんでした。

「ハジメテイイデスカ」

「はい」

プーにスワレ・マテをかけます。

挨拶をする係の人が私とプーの1メートル前で止まり、挨拶をして立ち去っていきます。

「ゴウカクデス」

プーはスワレの姿勢を崩しませんでした。前回、クリアできているので当然といえるでしょう。

次の項目は、他人が近づき触っていくというものです。途中にブラッシングもされる、という前回あった内容は削除されていました。前回よりも、簡単といえば簡単です。もちろん「オシマイデス」の一言まで、オスワリの姿勢をキープさせる必要はあります。

垂れ耳の犬は耳をめくられチェックされます。プーの耳は立っていました。

私の体から血の気が引いていく事態が起きたのは、この時です。

あろうことか、触り役の人はプーの耳を後ろ側に折り曲げたのです。そして、プーは耳を折り曲げられた瞬間、立ち上がってしまったのです。

「ソーリー」

テリー先生の不合格を告げる言葉が、まるでエコーがかかったような響きで、私の頭の中をぐるぐるとかけめぐりました。

気がつくと、私はテスト会場であるトレーニングルームの入り口の外にあるちょっとしたスペースで、壁に背を預けるように座りこんでいました。前回は半ばまで進めることができたテストですが、今回ははじまってすぐの段階で終止符が打たれてしまったのです。

この項目は、耳の中をチェックできるかどうかを見るために行うはずです。垂れ耳の犬の場合は、耳をめくる必要があるでしょう。しかし、なぜ立ち耳の犬の耳を折り曲げる必要があるのでしょうか？　犬にとってかなり特殊な状況でしょう。私は疑問を感じました。

しかし、こうも思いました。

もし、時間を巻き戻すことができれば、耳を折られる直前に、私は「マテ」の指示をプーにかけたことでしょう。その念押しのマテで、プーはきっと立ち上がらなかったはずです。そう、今回も悪いのは私なのです。

前回は途中まで進むことができていたので、心にゆるみがあったのでしょう。「前半は楽勝、落ちるわけがない」と。

私はプーを抱きしめました。

「ごめんな、プー。プーは悪くないよ。また頑張ろうな」

家に戻り、車を駐車スペースに止め、プーを降ろすために車の後部ハッチを開けました。玄関が開き、妻が出てきました。

「合格した？」

「ダメだったよ」

「ああ、そう」

妻は残念そうに、そう口にしました。

私は車から降ろしたプーを、再度抱きしめずにはいられませんでした。

襲われたプー

まだありました。やってはいけないのにやっていた行為。

プーを飼いはじめてしばらくは、公園でリードを放して犬同士を遊ばせていたのです。

すでにお話ししたように、こうした行為は条例など、法に触れる行為となります。ドッグランなどの許された場所以外では、決して行ってはいけません。経験を積み重ねることでわかってきたのですが、家庭犬は適切なトレーニングを行えば、飼い主と一緒にいることが一番、飼い主と遊ぶことが一番、と感じるようになります。犬同士フリーでかけずり回って遊ぶことができなくとも、決して犬が不幸せというわけではないのです。

プロになる過程で、犬を嫌う人を増やしているのは犬を飼っている人たち、ということもわかってきました。

過去に犬に噛まれるといった経験をした方はもちろんですが、小さな子どもを連れたお母さんたち、ご老人やそのお世話にあたっている人たちは、リードの付いていない犬を、たとえそれが小型犬だとしても、怖い存在と感じるようです。馴染みの公園で、子どもが犬に噛みつかれてケガをした話も耳にしました。

他人に危害を加えるだけでなく、犬がケガをした、事故に巻き込まれたといった事例も、たくさん耳に入ってきました。追いかけっこでエスカレートし、公園から飛び出して車に轢かれた例、大型犬がじゃれつき小型犬に重症を負わせた例、落ちている何かを口にして病院に担ぎ込まれた例。

ある日、プーも大きな災難に見舞われることになります。

毎日のように同じ時間帯に同じ公園に出向いていると、自然とお仲間ができるものです。というよりも、すでにお仲間ができていて、同じ時間帯に出向くと、そのお仲間に誘われるといった方が正しいでしょう。

「リードを放しても大丈夫よ」

そのお仲間がノーリードで犬を遊ばせているグループであれば、そう声をかけられます。私は、遊んでいる犬たちの輪の中にプーを放しました。

プーは大喜びでかけずり回ります。特に、小ぶりなシェルティ、Sちゃんとの追いかけっこに夢中でした。プーはそれほど足が速くありませんでした。逃げるSちゃんをひたすら追いかけるのです。

お仲間には、シェパードのMちゃんもいました。Mちゃんは、みんなとの追いかけっこを楽しむというよりも、飼い主とのトッテコイを楽しんでいました。プーはおもちゃを追いかけるMちゃんを追いかけます。そしておもちゃをくわえ戻ってくるMちゃんを追うように、プーも戻ってくるのです。お互いトラブルも起こさず、そばにいることもできました。

そんなある日、事故は起きました。

その日、プーはなんとなく元気がなさそうでした。私はプーの体調を気遣い遊ばせるのを控え、みんなが遊んでいる輪の外で、プーのリードを外すことなくたたずんでいました。いつもだと遊びたがるプーでしたが、その時はみんなの遊びをただただ見ているだけでした。

Mちゃんはその日も、トッテコイで遊んでいました。投げたおもちゃをくわえて戻ってくる、それを何回か繰り返した後の一投が、問題を引き起こしました。

飼い主の投げたおもちゃが、プーから5メートルほど離れた場所でバウンドしたのです。

投げた方向から考えると、そのおもちゃはプーから離れるように転がっていくはずです。ところが、そのおもちゃは投げた軌跡の延長線上ではない方向に弾んだのです。Mちゃんが遊んでいたのは、不規則な弾み方をするゴムのおもちゃでした。2～3回ほど弾んだでしょうか、そのおもちゃはプーの目の前で止まりました。

目の前に止まったおもちゃに、プーが鼻先を近づけようとした瞬間です。

Mちゃんがプーに襲いかかったのです。

プーは悲鳴をあげ仰向けにひっくり返り、Mちゃんはうなりながらプーの上にのしかかっています。口を開きその口でプーの首筋を押さえつけています。

一瞬のできごとでした。

Mちゃんの飼い主が、Mちゃんをプーから引き離しました。

「あ、すみません」

「いえいえ、プーが取ろうとしたから……」

Mちゃんとしては、おもちゃを守っただけなのでしょう。

幸いプーがケガをすることはありませんでした。Mちゃんの噛みは、相手にキズを追わせない、抑制の利いた噛みつきだったのでしょう。プーとショップの看板犬とのファーストコンタクトで生じた程度のトラブルといえなくもありません。しかし、プーはすでに成犬で、

15キロはありました。Mちゃんは30キロ近くあったでしょう。

プーはこのできごとに、相当なショックを受けたようでした。

一つのできごとがその後の行動に大きな影響を与えてしまう。なんとその日以来、プーはすべての犬に対して、ケダモノのように吠えかかるようになってしまったのです。

一瞬で崩れる信頼関係

相手に対して回り込むように近づくといった行動をせずに、まっすぐに向かっていってしまう。

犬とのコミュニケーションの仕方の基礎を身につけるという、本来社会化期の初期に親兄弟によってなされるべきことが、プーには欠けていました。

初対面の犬とのファーストコミュニケーションが苦手だったのも、そのためだったのは間違いありません。

相手に受け入れられるか、あるいは怒られるかは、相手次第です。おそらくプーは、

「今度の相手は、遊んでくれるのかな、それとも怒られちゃうのかな」

「遊びたいけど、ちょっとこわいな」

という不安をいつも抱えつつ、相手に近づいていたのでしょう。

遊び好きだったプーは、ダメもとで相手に向かっていく。怒られたら、

「失礼しましたぁ」

と、相手から離れて距離を取る。そう振る舞っていたのだと思います。

しかし、シェパードのMちゃんとの一件で、プーは他犬に対する認識を、「少し不安な相手」から「襲ってくるかもしれない恐怖の対象」へと一変させてしまったようです。

プーの犬に対する、それも初めての犬への態度は、明らかに変わってしまいました。ダメもとで相手に向かっていくといった行動はまったく見られなくなり、5メートル以内に他の犬が入ってくると、激しく吠えたて相手を追い払うようになってしまったのです。吠え立てている時の顔つきは、鼻の上に皺を寄せ、牙を剝き、それこそケダモノのようでした。

考えてみれば、攻撃をしてくるはずはないと思っていた、いつもいっしょに遊んでいたシェパードのMちゃんに襲われたのです。今まで信じていたものがすべて信じられなくなる。そのような劇的な心の変化がプーに起きたのでしょう。

私に対する集中も、犬が近くにいるとまったくといっていいほど取れなくなってしまいました。全神経を犬に向けてしまうのです。遊べると思って集中できなくなるのではありません。それとは真逆の状態。他の犬に対して極度に警戒するがゆえに、集中が取れなくなって

しまうのです。

プーがシェパードのMちゃんに襲われたこの事件が起きたのは、ドッグ・トレーニング・テストへの、3回目のチャレンジに向けてトレーニングを進めている時でした。

目標のテストの日まで、2カ月を切っていました。

オスワリも、フセも、それぞれのマテも、リードをゆるませてのお散歩も、他犬とのすれ違いも、次のテストは問題なく合格できるように、十分なトレーニングを積み重ねていました。

その積み重ねが、振り出しに戻るような感じがしました。

それまでに時間をかけて構築してきた私との信頼関係も、音をたてて崩れていくようにも感じました。私の目の前で、恐怖体験をしたプーは、私が自分を守ってくれない存在だということを、決定的に感じたに違いありません。

もちろん犬が近くにいると、オスワリも、フセも、マテも、一切できなくなってしまいました。

信頼関係はすぐには構築できません。日々の積み重ねがそれを築きあげていくのです。しかし、その信頼関係は一瞬のできごとで崩れる。私はそれを、身をもって体験したのでした。

私は大きな反省と後悔をしました。

「おもちゃがそばに来た時に、すぐにおもちゃからプーを遠ざければよかった」

「そもそもリードを放して公園で遊ばせる、その誘いに乗らなければよかった」

さらには、

「体調が悪そうだったのだから、他の犬が遊ぶのを見せることなどせずに、すぐに帰れば良かった」

「この事件が心に大きなキズを残すようなことになったらどうしよう」

でも過ぎてしまったことは、いくら考えてもどうにかなるわけではありません。私は改善へと向かう努力を、すぐにはじめることにしました。

それから数日間は、犬のサイズに関係なく、プーは近づくすべての犬に対して攻撃性を見せました。相手から5メートル以上離れた、ケダモノ状態にならない位置で、フードを与え相手をやり過ごしたり、フードに集中させながらすれ違ったりする、そうした慣らしを繰り返し行いました。

1週間ほどで、自分より大きな犬と動きの激しい犬以外は、5メートル間隔でのすれ違いはできるようになっていきました。地道なこの努力を積み重ねれば、必ず良くなる、そのような兆しも感じられました。

一方で、体調の方が気がかりでした。あの一件があった日もそうでしたが、なんとなく元気がないのです。かつてあった快活さが戻ってこないのです。心に相当なショックを受けたからでしょうか、それともどこか体が悪いのでしょうか？

その翌日、このプーの物語は、大きな展開を見せることとなるのです。

2

病にたおれたプー

腎臓疾患の疑いが

それは私の休みの日に起こりました。空はどんよりと曇り、今にも雨粒が落ちてきそうな、そんな重くるしい日でした。

ボーッとしてテレビを見ていると、ぽつりぽつりと雨が降ってきたことに気がつきました。午前中のプーの散歩はまだでした。ウッドデッキに出てみると、雨の程度はたいしたことなく、傘を差さなくてもしばらくは大丈夫そうでした。

プーはその日もなんとなく元気のないように見えました。

途中で雨の勢いが増すと困るので、傘とプーのレインコートを用意し、野川の河原まで散歩に出かけることとしました。

私の家から、野川の河原に下りるルートはいくつかあるのですが、その日は野川緑地公園を抜けていくルートを選びました。野川の河原へは、つつじヶ丘幼稚園のそばの階段から下ります。その階段までは5分ぐらいの距離です。

散歩が好きなプーは、やや引っ張り気味に歩きます。それでは、ドッグ・トレーニング・テストに受からないので、日々私の脇を歩く、あるいはリードをたるませて歩く、といういずれかの歩き方を徹底して行っていました。

リードをたるませ、私のそばを歩くことはできるのですが、前へ前へという気持ちが強いのでしょう。

体調が多少すぐれなくても、プーが私の後方を歩くということは、まずありませんでした。ところがその日は、私の後ろをトボトボとついてくるように歩いてくるのです。

その姿は頭を下げ、くまの「プーさん」というよりも、ロバの「イーヨ」のようでした。

野川の河原に下りればそこは匂い嗅ぎOKの場所。いつもであれば匂い嗅ぎにいそしむプーですが、その日は匂い嗅ぎをしません。

「これは尋常じゃない」

そう気がついたのは、帰ろうとした時です。

「プー、帰るよ」

と声をかけ歩き出しても、動こうとしないのです。よく見ると、目をつぶって、立ったまま寝ているかのようです。

フードを差し出しても見向きもしません。食欲などまったくないようです。

「プー、どうした?」

プーはとてもつらそうにしていました。私はすぐに病院へプーを連れていくことにしました。小型犬なら抱いて連れて帰るところですが、プーは当時15キロほどの体重がありました。

「ガンバレ、プー」

私は励ましながら、時には子鹿を胸にかかえるように抱いて、プーを家まで連れ帰りました。

シェパードのMちゃんとの一件で心にキズを負い、それが原因でこんなになってしまったのか？　そうであればすべては私の責任です。

「ごめん、プー。ごめんな」

家に着き呼び鈴を鳴らしました。私の顔色も変っていたのでしょう。

「どうしたの？　何かあったの？」

玄関の鍵を開けに来た妻が、私とプーを見て、そう言葉を発しました。

「プーの様子がおかしい。病院に行ってくる」

私はプーを車に乗せ、すぐさま病院へと向かいました。向かった病院は、プーが保護された荻窪の病院です。私の狛江の家から30分ほどの距離にあります。

私は家を出る前に、状況を病院のスタッフに電話で伝えていました。病院に着くと幸い待合室には誰もおらず、すぐに診察を受けることができました。

「脱水が起きています、とりあえず点滴。それと血液検査をしましょう」

立ったまま寝ているような状態で、診察台の上のプーは前足の血管から採血をされました。

私は数日ほど前のできごとを獣医師に伝え、それとの関係があるのかを尋ねました。

「血液検査の結果が出るまではっきりとはわからないけど、症状としては脱水が起きているわけで、直接の関係はないとは思います」

身勝手な話ですが、私は少しホッとしました。と同時に、では何がプーに起きているのか？　私はえもいわれぬ不安にかられました。

そして、体調が悪そうだったのになんですぐに連れてこなかったのだろう、もっと早く診せに来れば良かった、という新たな後悔と反省が私の心の中に湧き起こってきました。

病院には血液検査のための機器が備えられていました。私は待合室で結果が出るのを待つことにしました。

待合室でどのくらい待っていたでしょう？　検査の結果が出たということで、診察室に再度呼ばれ、説明を受けました。

「腎臓の機能がかなり低下しています」

十分な輸液と適切な措置を行うために、少なくとも数日の入院が必要とのことでした。腎機能が安定してくれれば、退院という運びになりますが、それがいつかは未定でした。日々行う血液検査の結果次第ということでした。

「一時的なものであってくれ」

私は祈るような思いでした。

忘れもしない、プーが1歳と8カ月。12月2日のことです。

一旦は回復へ

「BUNの基準値は上限で29・2ですが、プーくんの値は82・9です。腎機能が低下しているのがわかります」

「BUNって何ですか？」

「尿素窒素のことです。尿素窒素は血液中の老廃物のようなもので、腎臓でろ過され、尿と一緒に体外へと出されます。腎臓の機能が低下するとろ過されなかった尿素窒素が血液中に残ることになります。値は100ccあたりのミリグラム数です」

プーの血液検査の結果を獣医師は詳しく説明してくれました。

「このCREとは？」

私は検査結果の用紙を指差し尋ねました。

「CREというのはクレアチニンで、これも血液中の老廃物です。血液中のクレアチニンが多いということも、腎臓が正常に働いていないということを意味します。プー君は３・３です。基準値の上限は１・４です。」

他に異常値を示していたのは、ナトリウム、カリウム、クロールといった電解質の値でした。これらはスポーツドリンクに必ず入っている成分です。ナトリウムとクロールが合わさればＮａｃｌ、すなわち塩。汗をいっぱいかくと体内の塩分も排出されます。水分だけではなく、塩分も補給する必要があるのはそのためです。

脱水が起き、しかも腎臓の機能が落ちている場合はナトリウム、クロールの値が低くなることもあります。下限はナトリウムが１４１。クロールは１０２。単位はｍＥｑ／ｌ、１リットルあたりのミリ当量を示します。プーのナトリウムの値は、１３５、クロールは93でした。

カリウムは、神経や筋肉の興奮や収縮などの働きをつかさどる物質ですが、血中のカリウムが増えると不整脈を起こしたり、心臓停止をもたらしたりします。健康体であれば、そうならないように腎臓が働き、適宜体外へと排出しています。

すなわち、カリウムの値が高いことも、やはり腎臓の機能が低下していることとなるのです。プーの値は、６・８ｍＥｑ／ｌ。上限は５・０ですから、やはり基準を超えていることとなります。

プーは右前足のひじから下の内側の毛を、幅2センチ、長さ5センチ程度にわたり剃られることになりました。そこに位置する静脈に、点滴のためのカテーテル針を刺すためです。アルコールが含まれた脱脂綿で消毒されたのち、カテーテル針が静脈に刺されました。一連の措置がなされている間、プーは具合が悪いせいもあるのでしょうが、診察台の上で大人しくされるがままにされています。

カテーテルが刺されたら、針先が動いたり抜けたりしないようにテーピングがなされました。そして、プーは入院室へと抱かれていきました。

入院室のケージには、すでに点滴のための装置、輸液バッグなどが準備されていました。輸液バッグから延びたチューブとカテーテルがつながれます。プーはケージの中で、力なく座っています。

獣医師が点滴の落ちる速度を調整します。

「とにかくおまかせしますので、よろしくお願いします」

「わかりました。経過は逐次電話でお伝えします」

プーは目をつぶり、丸くなって体を休めていました。

「プー、元気出せよ。またな」

入院室を出る時にそう声をかけると、プーの頭が少し動きました。

「うん。心配しないでいいよ。すぐに良くなるから」

私にはプーがそううなずいたように見えました。

翌日から、私は毎日のように、プーのお見舞いに病院に立ち寄りました。プーは日々、少しずつ元気を回復していきました。血液検査の数値も、BUNとCREの値は、基準値に近づいていきました。

1週間経ったところで、BUNとCREの値は基準値の範囲内に落ち着きました。しかし、ナトリウム、カリウム、クロールの値は、落ち着きませんでした。相変わらず、ナトリウム、クロールの値は低く、カリウムの値が高いのです。

「もう少し様子を見ましょう」

獣医師は検査結果を目にしながら、そう口にしました。

プーの入院は2週間に及びました。

ナトリウム、カリウム、クロールは基準値の後一歩まで来ていたので、今後は毎日通院することで様子を見ることになりました。15キロあった体重は、13・36キロまで落ちていました。

「ありがとうございました。では、また明日」

私はそう挨拶をして病院を後にしました。

「そうだプー、公園に行ってみよう」

私はプーが喜ぶと思い、すでに日は暮れていましたが、帰る途中公園に立ち寄ることしました。

「どんなに喜ぶだろうか」

しかしその期待は裏切られる結果となります。

退院時には健康そうに見えたプーですが、車から降ろすとほとんど動かなかったのです。

退院はしたものの

私は夜の公園を後にして、家へと急ぎました。家に着いたプーは先ほどにも増して具合が悪そうです。

「背中の皮をねじって見るとわかりますよ」

私は獣医師からアドバイスされていた、脱水の確認方法を思い出し、プーに試してみました。

脱水状態であれば、皮膚はねじれたままでしばらく元の状態に戻りません。逆に脱水状態でなければ、皮膚はすぐに戻ります。悪い予感の通り、プーの皮膚はすぐには元通りになりませんでした。

歯茎を指で押して離す方法も聞いていました。脱水状態だと、歯茎から指を離した後も歯茎の色がしばらく元に戻らないのです。

上唇をめくりました。

「あれ？　色が薄いな」

歯茎の色に血の気がなく、白く感じられました。私は他の部分の皮膚の色を確認するために、下まぶたをめくって結膜の色を見てみることにしました。

下まぶたを指でつまみ手前に少し引いてみました。結膜の色も白っぽく見えます。驚いたのはその後でした。

手前に引っ張った下まぶたが、元に戻らないのです。眼球と下まぶたの間に空間ができたままなのです。

「どうなってるんだ？」

私は動揺しました。数時間前、快方に向かっているということで退院させてきたプーが、何かとんでもない状態になってしまっているのです。

私はすぐに獣医師に電話をして状況を伝え、車を病院へと走らせました。

病院はすでに診察時間を終えていました。入り口のガラスの扉には内側にブラインドが降りています。鍵もかかっていました。

扉の左にある呼び鈴を押すために手を伸ばした時に、鍵の開く音が聞こえました。プーと私が到着するのを待っていてくれたようです。

すぐに診察室へと通され、輸液がはじまりました。

退院時に、前足のカテーテル針は外しています。今回の輸液は皮下に行います。

５００㎖の輸液バッグを診察室の天井から下がっているフックにかけ、そこにチューブがついた注射針を刺します。チューブの途中には、輸液の落ちる速度を調節するためのローラーがついています。そしてチューブの先に針をつけ、その針をプーの左右の肩甲骨の間あたりに刺し、点滴をしていきます。

私は重い口を開き、獣医師に尋ねました。

「良くなっていたのではないのですか？」

獣医師の見解はこうでした。

「治療は腎臓疾患に対して行う一般的なものです。特にプーくんの場合は、カリウムの値を下げるために利尿剤を与えると共に、輸液を行っていました。今日も利尿剤を与えています。退院するので輸液をやめたことと、口からの水分補給が足りずに、急激に脱水を起こしたのでしょう」

輸液を行えば脱水は改善するはず、ということです。

「2週間の治療で、腎機能を示す値はとにかく良くなってきています。輸液が済めば落ち着くはずですから、今後は脱水が起きないように注意していきましょう」

輸液は30分続けられたでしょうか。点滴の流量は、速度を変えるためのローラーで調節をします。点滴の速度は、ローラーの上部にある透明な筒の中に、ぽたりぽたりと落ちる滴が1分間に何滴かを確認し、調整していきます。

私はその透明な筒を、生気なく見つめていました。


ポタッ、ポタッ……


その滴は弱々しく、はかなく見えました。いつか止まってしまうような、そんな不安を感じさせました。

小さいうちに捨てられて失ってしまったかもしれない命を、どうにか取り戻すことができたのに、プーはなんでこんな苦しみにあわなくてはいけないのか。プーは何も悪くないのに、まだ2歳にもなっていないのに、かわいそう過ぎる。

ポタッ、ポタッ……

透明な筒の中を落ちる、一滴一滴を見つめているうちに、私は涙をこらえることができなくなりました。

私の目は潤み、充血していたのでしょう。

獣医師が声をかけてくれました。

「西川さん、とにかく頑張りましょう。おおもとの原因に他の病気があるかも知れません。それもいろいろ探っていきますから」

30分の点滴を済ませると、プーの状態は良くなったようです。私は獣医師と相談をしてその日は大事を取って、入院させることとしました。

「明日迎えに来るからな」

病院を後にする時に、数時間前、退院した時のプーの姿が脳裏に浮かびました。安堵の気持ちでプーと病院を後にした、あの鮮明な一瞬《ひととき》は夢だったのだろうか。

環状8号線から甲州街道へ。街灯そして信号、テールランプなどの夜道に浮かぶ光が、私の目にはすべてにじんで見えました。

結果的にマテが上手に

「血液検査の結果は、悪くありません」

翌日病院にプーの状態を確認すると、そうした言葉が返ってきました。昨日退院した時と状況は同じなので、脱水にだけ注意すれば退院させても大丈夫、というのが獣医師の見立てでした。

血液検査で腎機能の低下を示す値が出ている間は、人間でいえば絶対安静が必要となります。また症状をもたらす原因を確定できないうちは、容体が急変する可能性があり、それに備える必要もあります。それが入院の理由です。

プーの場合はその時点において、獣医師が行う措置は、輸液と血液検査、それとちょっとした投薬でした。すなわち、それらを入院させずとも日々できるのであれば、通院で問題なしと判断したわけです。

血液検査のためには、1日1回病院に出向く必要はあります。しかし皮下への輸液は自宅でも可能です。獣医師も、私が投薬はもちろん簡単な注射ができることは知っていました。

プーを迎えに行ったのは夕方です。

「今日の分は済んでいますから、輸液は明日の朝から行ってください」

獣医師は、輸液のための一式を用意してくれていました。

点滴をクライアントに任せる。今では問題になるかもしれませんが、当時はそうしたこともある程度許されていました。

「説明しなくても、西川さんならわかるかもしれないけど、念のため……」

そう言ってひと通りの説明をしてくれました。点滴の速度に関する注意も受けました。速度を上げすぎると、皮下に入った水分が拡散できずに下半身へと流れ、足がむくみ一時的に太くなってしまう、と注意を受けました。

翌日からは、輸液を2回、通院しての血液検査を1回、というのが日課となりました。輸液は午前中に自宅で行いますが、朝時間がない場合はショップのバックヤードで行っていました。血液検査は、朝病院に寄れる時は午前中、無理な場合には夕方と、その日の私の都合で変えました。

輸液には30分前後の時間を要しました。天井の照明器具の引っかかりにS字フックをかけ、そこに輸液バッグを下げます。プーはその下で、点滴の間じっとしていることになります。姿勢はフセでもオスワリでもいいのですが、その場所を動いてはいけません。動けば点滴の針が外れてしまうからです。

この時期、トレーニングは一切していませんでした。しかし、この点滴の日課は、プーをあることが得意な犬にしていったのです。

そのあることとは、「マテ」です。

マテを指示すると、かなりの時間、その場で待っていることができるようになっていったのです。

この時期、点滴よりも難儀なことがひとつありました。

それはプーに食事を取らせることでした。

プーには腎疾患の犬のための処方食が出されていました。缶詰だったのですが、プーはこれが嫌いだったのです。かつて16キロ台だったプーの体重は13キロ前半まで落ちていました。食事を口にしなければ体重はさらに減っていくこととなります。かといって、好きなものを与えてしまうのは腎臓に悪い。

プーにはかわいそうだとは思いましたが、私は最後の手段を取らざるを得ませんでした。最後の手段とは、強制給餌です。無理やり食べさせるのです。

缶詰のペースト状のフードを親指の大きさぐらいに取り、プーの口を開け、舌の付け根、のどの奥へと押し込みます。錠剤を飲ませるのと同じです。違うのは口の中に入れるのが、錠剤の小さな塊ではなく、もっと大きな塊、だということです。

「フォアグラみたいだ」

とにかく食べさせるために必死でした。食べたものを嘔吐するわけでもないので、単に口にしたくないことなのでしょう。少し大きめの塊で口に入れると、舌で押し出して口から出します。

「お願いだ、食べてくれ」

と舌で押し出そうとするものを口の中にとどめるために、手で口を開かないように押さえたこともあります。でもそれもダメでした。口の際からニュルニュルと出してしまうのです。

プーは日増しに、缶詰を口にしなくなりました。それればかりか、他の食べものを出しても匂いを嗅ぐだけで、顔を背けるようになっていったのです。

他の血液検査の値は相変わらずでしたが、必要な分を口にしなければ、体力が落ちてくるのは目に見えていました。体重は12キロ前半まで落ちてしまいました。病気前と比べると、約25パーセントも体重が落ちたことになります。

人間で例えれば、60キロだった人が45キロまで体重が落ちたことになります。肥満であればいいダイエットといえます。しかしプーは決して太っていたわけではありません。毛が多かったため、痩せているのか、太っているのかが見た目からはわかりにくかったのですが、体重が16キロ台の時でも、シャンプーで全身ずぶ濡れ状態になると、痩せ気味の体型だということがわかりました。

日増しにプーの体力が落ちてくるのを感じました。このままだと、ジリ貧になるのは確実です。

私は獣医師と相談し、再入院という措置を取ることにしました。

原因が別の病気にある疑いが……

またカテーテルによる点滴の日々がはじまりました。

「点滴だけでは先が見えてくるので、とにかく必要な栄養分を取らせましょう」

まずは高カロリーの流動食を強制的に給餌することをはじめました。

針を付けていない20㎖の注射器に流動食を入れ、先端を舌の奥に届くように口の際から差し込み、少しずつ流動食を流し込みます。

幸いプーにはこの方法がうまくいきました。日々最低限必要な量を少しずつですが、1日に何回かに分けて取らせることができたのです。

この方法がうまくいかない場合は、鼻から胃に到達するチューブを入れ、そこから流動食を入れ込むという、次の段階の話も獣医師はしてくれましたが、そこまでには至らずに済みました。

数日で元気も取り戻してきました。

「とにかく食べることを優先しましょう。喜びそうなものをいろいろ持ってきてください」

毎日のようにプーが喜びそうなものをみつくろって、病院に持参しました。各種缶詰はもちろん、ササミジャーキー、ビーフジャーキー、クッキーにチーズと、仕事場には販売用の犬用のフードやスナックがあります。他にも毎週のように各メーカーからフードやスナック類のサンプルが届けられます。持参するネタには、尽きませんでした。

血液検査の方は、ＢＵＮ、ＣＲＥの値は基準値内、ナトリウム、クロールは低く、カリウムは高いという、相変わらずの状態でした。

処方食は依然口にしませんでしたが、スナック類は食べるようになりました。ここで退院という選択肢もあったのですが、同じ轍《てつ》は踏まないようにと、もうしばらく様子を見ることとしました。

前回の退院時は、皮下の輸液と利尿剤の投与を続けている状態でした。今回は、利尿剤をなくせる程度までの回復。それを、退院の目安にしました。

退院は年の暮れ、29日になりました。

この2回目の入院は、最終的に11日間に及ぶこととなりました。

「処方食はやめて、様子を見ましょう」

今回の入院では処方食を与えませんでした。高カロリーの流動食やスナック類を、プーは日々口にしていました。それにもかかわらず、BUNとクレアチニンの値が悪くなることはありませんでした。

「とにかく食べられるものを与えていいです」

「よかったなぁ、プー」

私はプーに、そう語りかけました。

言葉はわからなくとも、何かが伝わったのでしょう。プーは診察台の上で、しっぽをゆっくりと振っていました。

「少しずつ総合栄養食と記されているフードが食べられるように、いろいろと試していってみてください」

スナック類だけでは、栄養のバランスが取れた適切な食事とはいえません。獣医師からすれば、当然のアドバイスでした。

退院時には、特定の缶詰は喜んで口にするようになっていました。お気に入りは、若鶏の肉の缶詰とレバーの水煮の缶詰でした。

退院といっても毎日の血液検査と、最低限の皮下の輸液はまだ欠かせません。

大晦日も正月三が日も、病院に通いました。

「ＢＵＮ、クレアチニンは正常値に落ち着いていて、ナトリウム、カリウム、クロールの値だけが正常値に戻らない。いろいろ調べたらアジソンという病気に、そうした特徴があるようです」

正月も明けた頃です。いつもの血液検査の結果説明で、獣医師が新たな治療に結びつく情報を提供してくれました。

「なんですか、そのなんとかって」

「アジソン病です」

「アジソン？」

「日本語では副腎皮質機能低下症と言います。副腎皮質がなんらかの要因で機能しなくなってしまう病気のことです。副腎皮質ホルモンが放出されなくなる結果、ナトリウム、カリウム、クロールのバランスが崩れてくるのです」

「治療法はあるのですか？」

「あるようです。人間でわかっている病気です。犬に関する文献は少ないので、いろいろ調べてみます。詳しくわかったところで、またお話しします」

私は家に帰り、家庭の医学といった類いの本で、アジソン病を調べてみました。確かに、アジソン病は記載されていました。

それも、非常にまれな病気として、でした。

特効薬が見つかった

ＪＡＨＡのインストラクター養成講座の受講生には、会員の獣医師もたくさんいました。ＪＡＨＡは、最新の獣医療の知識や技術の普及のためのセミナーなども積極的に行っています。会員の獣医師の意識も高く、最新の知識習得に努めている方が少なくありませんでした。

プーのアジソン病の疑いが出てきた数日後、お正月明けにたまたま何かの会合でＪＡＨＡの会員獣医師である養成講座の受講生、Ｏ先生と話をする機会がありました。そこで、私はプーの話をしました。

「あら、アジソン病？　でもよかったじゃない、特効薬が今はあるから」

「えっ？　特効薬があるんですか？」

全身に電気が走りました。

「薬の名前、今わかりますか？」

私は身を乗り出すように、尋ねました。

「フロリネフ」

「え、え、なんですか？　すみません、もう一度……」

今でもそうですが、私は横文字の名前が苦手です。翻訳された小説などは、登場人物が、誰が誰だかわからなくなっていき、読み進めることができなくなってしまうのです。フロリネフも一度耳にしただけでは、頭に入りませんでした。

「あ、ちょっと待ってください」

もう一度聞いても覚えられないのは目に見えています。私は、メモの用意をしました。

「えーっと、なんでしたっけ」

私はメモした紙を胸ポケットにしまいました。

プーを病院に連れていくのは日課でした。その日も、家に戻りプーを車に乗せ、動物病院へと向かいました。

いつものように採血のために診察室に入ると、待っていた獣医師が開口一番、

「アジソン病だけど、確定診断をするためにはホルモン検査をする必要があります。やってみます？」

と聞いてきました。

「えーっと、ちょっと待ってください」

私はシャツの胸のポケットに入れていた、少しよれた紙切れを取り出し、

「特効薬があるようで……えーっと、フロリネフ」

「ああ、もう調べていたんですね」

獣医師もすでに、フロリネフにはたどり着いていたようでした。

「だったら話は早いですね」

獣医師はそう口にして、三つの選択肢を提示してくれました。

一つ目は、ホルモン検査をして確定診断をしてからフロリネフを入手する。検査には1週間ほどかかる。

二つ目は、検査に出すが、結果を待たずしてフロリネフの投与をはじめる。

三つ目は、検査をせずにフロリネフを試してみる。効果があれば、結果的にアジソン病と推定できる。

それぞれの問題点も話してくれました。一つ目の方法は、検査の結果を待つ間に血中カリウムの濃度が急激に高くなるリスクが残る。他の方法のリスクは、薬の副作用と費用の問題。

私は獣医師に尋ねました。

「薬の副作用というのは、具体的に何が起きるということなのでしょう」

「その場合は副腎皮質機能亢進症、いわゆるクッシングの症状が出てくるかも知れませんね。でも薬の影響でのクッシングなら、薬をやめれば戻るはずです」

クッシングはアジソンほど珍しい病気ではありません。症状としては、体の胴体部分が太くなり、毛がボソボソ抜けてくる。

私は少し悩みました。

「薬の副作用のリスクと、カリウムの値が急激に高くなるリスクと、どちらが怖いかというと、カリウムの急激な上昇です」

「心臓が止まるということですか」

獣医師は無言でうなずきました。

「ただフロリネフは値段が高いですよ。アジソン病でなかった場合は、そのお金が無駄になります」

私は三つ目の、ホルモン検査をせずにフロリネフを試すという選択肢を選びました。薬が効けば、一刻も早くプーは快方へと向かいます。費用も二つ目の選択肢より安く済みます。

「フロリネフを頼んでください」

メモはもう必要ありませんでした。私の頭には、フロリネフの5文字がしっかりと刻み込まれていました。

薬は翌々日には病院に届けられ、その日から投薬がはじまりました。特効薬。フロリネフはまさにその通りでした。数日でカリウムの値が、4・7mEq／lに。上限は5・0mEq／lですから、正常値内に収まったのです。

食事はドライフードと缶詰を混ぜる形で食べるようになっていました。体重も14キロ代後半まで戻ってきました。昔のプーのような快活さも見せるようになっていました。

プーがみるみる元気になっていく姿を見て、すっかり忘れていたドッグ・トレーニング・テストのことが、気になり出しました。

ドッグ・トレーニング・テストは年2回しか行われません。今度行われるのは1月19日です。なんとそれは、わずか8日後に迫っていたのです。

今度は貧血に

「よし、決めた！」

8日後のテストを受けるかどうか悩んでいた私ですが、劇的な回復を見せたプーを見て、テストに向けてのトレーニングを再開することとしました。

試験日までに、体調が崩れるようならやめればいいし、体調をキープできるのなら受ければいい。何がなんでも受けるのではなく、成り行きで決めればいい。そんな気持ちでテストに向けてのトレーニングを再開したのです。

獣医師の意見も聞きました。

「日常生活は普通でかまわないし、激しい運動さえ控えれば、他は何をしてもいいと思いますよ。トレーニングも問題ないでしょう」

最初の入院から1カ月以上が過ぎていました。入院前は、万全な体制でテストに臨めるようにと、トレーニングを積み重ねていました。

それまでの積み重ねが功を奏したのでしょう。

トレーニングを再開すると、入院以前の状態とほとんど変わらずに、私の指示通りにプールは動くことができました。マテに関しては、皮下への輸液を日課としていたせいでしょう、入院以前よりも上手になっていました。

問題は他犬とのすれ違いでした。耳の立った大型犬や、サイズにこだわらずに動きの激しいせわしない犬は、相変わらず苦手で、近づくな！　あっち行け！　と吠え立ててしまうのです。

このすれ違いの項目に関しては、もはや相手次第。苦手克服のトレーニングを行うのではなく、

「ダメならダメ、通ればラッキー！」

的な軽い気持ちで臨むことにしました。

「すれ違いはダメだけど、他はいい感じだなぁ」

ところが、テスト4日前のことです。プーの動きが急に鈍くなったように感じたのです。

フロリネフを与えはじめてから血液検査の結果は安定していて、連日だった血液検査は、数日に1回の頻度へと減っていました。至近の検査は2日前でした。その時の検査結果は、BUN、CRE、カリウムの値も正常値でした。ただ、少し貧血気味かも、という報告も受けていました。

私はすぐに病院に連れていきました。

検査の結果は、貧血がさらに進んでいるというものでした。アジソンによるものなのか、それとも他の病気がからんでいるのか。

「造血ホルモンを試してみますか」

「えっなんですか、それ」

貧血の原因は様々ですが、腎臓の機能が低下することで起きる貧血の場合は、エリスロポエチンという物質の産生能力が落ちる。エリスロポエチンは赤血球を作る際に必要な物質で、その産生能力が落ちれば赤血球の産生能力が落ち、結果貧血になる。造血ホルモンとは、このエリスロポエチンのことで、足りない分を注射で補う、ということでした。

「それはどのくらいの頻度で打つのですか？」

「うーん、頻度はまちまちです。今回は1回打って様子を見ましょう」

私は獣医師の提案を受け入れ、エリスロポエチンの発注をお願いしました。その翌日には病院に届き、プーにはその日のうちに注射されることとなりました。

テストを受けることはもはや無理と考えていました。しかしプーはそこから再び元気を取り戻していったのです。

テスト当日を迎えました。朝のお散歩は、元気そのものという感じでした。

私はその元気そうなプーを見て、あきらめていたテストにやはりトライしてみようと思ったのです。しかし、プーへの負担も心配でした。プーに悪影響があるかもしれない。そんな状態で、テストを受けるのは私のエゴに他なりません。犬のことなどまったく考えない、自分勝手な飼い主。突き詰めれば、それは虐待ということにもなってしまうのかもしれません。

振り子のように揺れる心を整理するために、私は獣医師に電話で意見を聞いてみました。

「テストを受けること自体は、なんら問題ないと思いますよ」

獣医師は私の背中をぽんと押してくれる形となりました。

テストは午後からでした。私の家から車で30分の距離にある、盲導犬協会のトレーニングセンターが会場でした。プーは車のワゴンスペースにジャンプして飛び乗り、クレートに入り横になりました。

「プーよ、ダメで元々。テストを楽しんでこよう」

私は運転席から、プーがいる荷物スペースに向かって声をかけました。そして車のエンジンをスタートさせたのです。

「ダメで元々」

これは私の本心でした。

なぜなら、貧血になってからここ数日は、トレーニングらしいトレーニングをまったくしていなかったのです。

「合否は二の次、とにかく楽しもう」

この軽い気持ちは、結果的に吉と出ました。

グッジョブ！

「あら、どうしたの？」

同じテストを受けに来た養成講座の受講生から声をかけられました。

不思議がられたのも無理はありません。プーの前足の両ひじの内側の毛が、バリカンで刈られていたからです。プーはゴールデン・リトリバーのように、毛足の長い犬でした。それが両ひじの内側だけ、極端に短かったのです。

左右を比べると、右側の毛足の方が少し長めでした。長さでいえば5分刈り程度でしょうか。短めの方の毛足はその半分程度でした。

カテーテルの針を、最初の入院では右側に、2回目の入院では左前足に施しました。カテーテルの針を刺す際には、その周辺の毛をバリカンで刈り上げます。その刈り上げた時期の差が、毛足の長さの差に出ていました。

私はことのいきさつを説明しました。

「あぁ、だからさっき薄い色のオシッコを大量にしていたのね」

獣医師でもある別の受講生からは、そうした声もかけられました。

多飲多尿。いっぱい水を飲み、いっぱいオシッコをする。フロリネフを飲ませている犬の特徴でもあったのです。

テストを受けるのは3回目です。今回もその内容が一部変更となっていました。ちなみにその後も数年間テストのお手伝いを続けましたが、この時のテスト内容がその後大きく変わることはありませんでした。これまでの数回のテストで試行錯誤がなされ、ここで一定の形に落ち着いたということでしょう。
そのときのテスト項目は、以下に記すような内容でした。

1 ウンチを処理するためのビニール袋を提示。
2 オスワリ・マテ（他人が1メートルまで近づき挨拶）。
3 オスワリ・マテ（他人が頭から背中、腰までなでる）。
4 お散歩（犬をヒールポジションにつけ、コの字型のコースを歩く）。
5 お散歩（犬をヒールポジションにつけ、人混みの中を歩く）。
6 お散歩（犬をヒールポジションにつけ、物が落ちる、台車が近くを通るといった刺激の中を歩く）。
7 興奮させた犬をすぐに鎮める。
8 ヒールポジションでフセ・マテ10秒。
9 オスワリ・マテ（1・8メートル離れ30秒）。
10 6メートル離れた犬を呼び戻す。
11 他犬とのすれ違い（途中犬を座らせ飼い主同士挨拶する）。
12 大人しく足を拭かせるか見る。

13　クレートで10分間待機。
14　イスに座った飼い主の足下でフセ・マテ、10分間（飼い主がカフェで食事することを想定）。
15　獣医師による診察（体を触わらせるか、ブラッシングさせるかを見る）。

項目の1から10までは、1頭ずつ順番に連続して行われます。

「ダメで元々、楽しんで帰ろう」

そういった私の余裕のある気持ちも、プーにいい影響を与えたのでしょう。私とプーは次々と項目をクリアしていったのです。

「グッジョブ」

項目10までクリアできたところで、ジャッジのテリー先生から、ここまでのねぎらいなのか、握手を求められました。

項目の11から先は、項目10までの、全員の結果が出てからになります。項目10までクリアできたのは、受験生のうち2割程度でした。

項目の11は、プーにとって最難関の、他犬とのすれ違いです。

シェパードタイプ、あるいはせわしないタイプが相手だったら、おそらくクリアできなかったでしょう。幸いにも相手は落ち着いた、ゴールデン・リトリバーだったのです。

その後の項目の、足拭き、クレート待機には自信がありました。特にクレートは、そこで休むのが小さい頃からの日課となっています。クレートは、自宅、車の中、ショップの3カ所に用意していました。

最後の獣医師による診察にも、自信はありました。プーは動物病院が大好きだったからです。保護されたのは動物病院です。自分の実家とでも思っていたのでしょうか、動物病院に連れていくと、毎回のようにシッポを振って喜んでいました。動物病院のスタッフや獣医師に触られることにも、十分に慣れていました。

問題は14番目の、飼い主の食事中、飼い主の足下で10分間、フセ・マテができるかを見る項目でした。この項目は、同じテーブルで2頭が足下でフセをすることとなります。相手とは50センチほどの距離に近づきます。この項目の相手は、ここまでクリアできている、飼い主と犬とのペアです。

プーとテーブルを共にすることとなったのは、フラットコーテッド・リトリバーでした。この犬種には、せわしないタイプが時々います。私は自分の心臓の鼓動が速くなるのを感じましたが、さすがにここまでクリアできている犬と飼い主です。私が相手の犬に背中を向けるようにプーをフセさせたのと同じように、相手の飼い主も、プーに対して自分の犬が背中を向けるようにフセさせたのです。

その10分間は、30分にも1時間にも感じられたように記憶しています。

「ゴウカクデス、コングラチュレーション！」

ダメ元で臨んだテストでしたが、プーは見事に合格することができたのです。

驚きの価格格差

「貧血は一時的なもののようでしたね」

テストに合格して数日後、血液検査のために病院に出向きました。

「BUNもクレアチニンも正常値内です」

獣医師が結果を話してくれました。

「カリウムは正常値を少し超えていますけど、これぐらいなら心配ないでしょう」

アジソン病は、血液中のカリウムの値が高くなるのがその特徴の一つでした。カリウムは動物を安楽死させる際に用いる物質としても知られています。血液中のカリウムの濃度が高くなると、心臓停止に至るのです。

プーの1回目の入院の時の値は、6・8mEq／l。最悪の時には7を超えました。正常値の上限は5・0です。この時の値は、5・1でした。
「BUNもクレアチニンも正常値内で、カリウムもそこそこですから、薬が効いているのは間違いないでしょう」

アジソン病は、副腎皮質から分泌される複数の副腎皮質ホルモンがなんらかの原因で、少なくなったり出なくなったりする病気です。血中の電解質バランスに影響を与える副腎皮質ホルモンは、鉱質コルチコイドというもので、フロリネフは主にこの鉱質コルチコイドを補う薬です。

ちなみに当時の犬の病気が紹介されている一般書には、副腎皮質機能亢進症は出ていたのですが、副腎皮質機能低下症のアジソン病は出ていませんでした。

私が調べて見つけたのは、人間の病気としてでした。

人間では2万人に1人の確率で発症するという、非常にまれな病気とされていました。現在は、難病指定をされています。

犬の病気としても、今では広く知られるようになりました。ネットで調べると「発症の確率は0・036パーセント」

そう紹介されています。

獣医師からこんな文献を見つけたといって、説明をうけたこともありました。

「発症からの平均余命は7年」

フロリネフを投与するなど適切な治療を行った際の話です。

その文献に照らしあわせれば、プーの寿命は9歳前後となります。生後1歳と8カ月を迎える頃からのひと月半のプーの闘病の日々を思い起こせば、薬でコントロールできて、7年も生きてくれるのならむしろ喜ばしいことだと思いました。

「これからの7年間を一生懸命生きような」

私はプーにそう語りかけました。

プーの病気のいろいろがわかるにつれ、私の心の棘《とげ》が一つ一つ取れていく感じがしました。余命は7年だけど日常生活は普通に送れるということもわかりました。

しかし、新しい棘が心に刺さるのも感じました。

それは金銭的な問題です。

フロリネフはべらぼうに高かったのです。

動物病院で出される薬の多くは、人間の薬です。フロリネフも同様でした。動物病院への薬の搬入は、動物医薬品問屋がそれを担います。ただ、人間と同じ薬に関しては、人間に対して販売するのと同じ値段で卸されるのです。すなわち保険で定められている薬価が、その薬の値段になるのです。

フロリネフの薬価はなんと、一ビン100錠で4万5千円ほどでした。プーは1日3錠を必要としていました。薬価換算で月に4万、年間で48万円の計算になります。獣医師は、ほとんどの薬はそれに獣医師の利益を乗せて、飼い主さんに請求します。

もちろんこれは薬代だけの話で、血液検査などを考えると、プーの治療費はいったいいくらになるのか。ただプーに関しては、その動物病院で保護されていたところをもらい受けてきたなどの事情もあり、治療費などはかなり安くしてもらっていました。

「フロリネフに関しては、仕入れ値でそのまま譲りますから」

とこちらを気遣って、配慮もしてくれました。

プーは10歳半で亡くなったのですが、結果的にそれまでにフロリネフを薬価で購入することは数回しかありませんでした。

「今度ハワイに行くから買ってきてあげる」

「薬を輸入するので、ついでに頼んであげるよ」

フロリネフは、日本の薬品会社が海外から輸入しているものでした。獣医師の資格があれば、海外で、あるいは海外から個人輸入という形で入手ができたのです。

価格はというと、海外では100ドル前後で売られていました。私がネットで調べた中での最安値は70ドルというものもありました。

当時のレートは1ドル100～120円でしたので、「日本の薬というのはなんて高いんだ」と憤りを感じたものです。

「アジソンの患者さんが亡くなったので、その子用に輸入してあった薬、安く譲るから引き取って」

と、知り合いの獣医師が声をかけてくれたこともありました。

あらためて考えてみると、プーは多くの人が気にかけてくれて、多くの人に助けられて生きていたのですね。

背中に穴が！

フロリネフのおかげで健康を取り戻したプー。

テストにも無事合格でき、私たちは平穏な一日一日を過ごしていました。

ある日、プーとウッドデッキでまったりとしていたときでした。ウッドデッキは、庭とリビングとの行き来が楽にできるようにと、私が自ら作り上げたとっておきのスペースです。十畳ほどあるそのスペースは、プーの一番のお気に入りの場所でもありました。

「木の枝にでも引っかけたかな」

なにげなくプーの体をなでていると、背中に小さなカサブタがあることに気がつきました。通常カサブタができる程度のキズであれば、1週間もすれば多少の痕は残っても元通りになります。しかし、プーのキズはいつまで経っても良くなる気配がありませんでした。カサブタは取れたのですが、皮膚は元通りになっておらず、陥没したままだったのです。

「あ、これは……」

私はそれに近いキズを、その昔見たことがありました。それも自らの足に、です。

私がキズを負ったいきさつを要点だけ記すと、朝方まで酒を呑み、酔っ払って転倒し突起物に足をぶつけて、ケガをしたということです。大学4年の時のことです。

ケガに気がついたのは家に戻ってからでした。

「血がついてますよ」

教えてくれたのは、後輩のW君でした。

私の実家には、母家と離れとがありました。私の部屋は離れにあったため、友人たちと呑み歩いた後は、私の部屋に泊まるというのがよくあるパターンでした。その日も、後輩を含め3～4人ほどの酔っ払いが、私の部屋になだれ込んだのです。

W君が指し示している部分に目をやると、左の腿《もも》あたりのジーパンの外側に小さなかぎ裂きがありました。そしてその周辺には血がにじんでいました。

夜がうっすらと明けてくる時間でした。医者に診せるとなると救急病院に行くしかありません。

ジーパンを脱ぎ、キズのある部分を見てみると、直径5ミリ程度の小さな血の池ができていました。キズを確認するために血をぬぐうのですが、すぐにじわじわと血がにじみ上がってきて、どんな状態なのかがはっきりとはわかりません。

「たいしたことないかな」

血が噴き出しているわけでもないので、私は救急病院に行くほどの事故でもないと勝手に考えて、部屋にあった軟膏を塗ってその上に絆創膏を貼り、そのまま寝てしまいました。

若気の至り。翌日は二日酔いで、動くことができませんでした。

病院に行ったのは、さらにその翌日。事故から2日たってからのことでした。

「縫えないな、これは」

医者曰く、軟膏を塗っていたため皮膚がふやけてしまっている、傷口がキレイでないので縫えない、ということでした。

「自然に皮膚ができるのを待つしかない。毎日消毒に来ること」

私のキズは、半径5ミリ程度穴が空き、皮膚のない部分は白く見えていました。その白く見えていた部分は、脂肪層ということでした。皮膚に穴が空き、皮膚のない部分は白く見える。プーのキズは、かつて見た私のキズとよく似ていたのです。

毎日の消毒と抗生物質を飲むことを怠ると、傷口から感染し、最悪の場合は敗血症になり死に至ることもありうる。そう医者からは脅されました。

私は当時のことを想い出し、あわててプーを動物病院へと連れて行きました。

「皮下への輸液の際に、同じ場所に針が刺されていたのでしょう。その刺激が原因で、針が刺されていた場所の周囲の皮膚が、死んでしまっているのです」

「自然に皮膚ができるのを待つということですか？」

「うーん、このままだと皮膚は再生しません。壊死を起こしていますから」

「壊死？　壊死って大変なことではないのですか？」

「見るかぎり、物理的な刺激による壊死なので、そう心配することはありません。ただ、このままでは穴はいつまでもふさがらないということです」

壊死した皮膚は再生しません。そこで治療は壊死した部分を切り取り、生きている部分を露出させるということでした。かつての私のケガは壊死を起こしていたわけではありません。乱暴に言ってしまえば、まずは私のキズに近い状態にする、ということのようでした。

「毎日消毒に来ないといけないんですよね」

「そんなこともありませんよ」

私のケガからは15年以上経っていました。医療は日進月歩です。私の時にはなかった処置がなされました。それは、壊死した部分を切り取り、ひと回り大きくなった穴全体に、キチン・キトサンのシートを乗せる、という治療方法でした。

キチン・キトサンには、鎮痛効果、止血効果、殺菌作用、皮膚再生の促進作用がある、ということでした。毎日消毒に来る必要もないとのことでした。

私のキズもそうでしたが、しばらくはあまり変化が見られません。でも1週間ほどすると、なんとなくうっすらとした新しい皮膚の膜ができてくるのです。皮膚の膜ができてくれば、感染症の心配もなくなります。以降は日々目に見えて、皮膚が盛り上がってくるのがわかります。

2週間ほどでプーのキズは完治しました。ただその場所には、再び毛が生えることはありませんでした。

3

プーとの思い出の日々、成長

キャンプの思い出

プーは私たち家族に、楽しい思い出をたくさん残してくれました。

キャンプでの思い出もたくさんあります。生後4カ月齢で迎えた初めての夏から、ほぼ毎年のようにキャンプには出かけたものです。

思い出深いのは、2年目のキャンプです。

場所はMキャンプ場。子どもつながりの4組の家族と共に出かけました。犬連れは私以外に、ポーリッシュ・ローランド・シープドッグのスーちゃん家族が一緒でした。

このキャンプ場には、犬連れにとって好ましい点がいくつかありました。

ひとつは、サイトの指定がなかったことです。

多くのキャンプ場は、管理事務所で手続きをする際、

「西川様は、Aの3でお願いします」

など、テントを設営する場所、サイトを指定されます。

ところが、Mキャンプ場はとにかく広く、

「お好きなところにどうぞ」

という感じだったのです。

犬連れとしては、これはありがたいことです。なるべく周囲に迷惑をかけないような場所を、またなるべく周囲から迷惑をかけられないようなところを、自ら選定できるからです。サイトにはテントの他に、タープを張ります。タープはテント以外のスペースを覆う屋根のようなものです。テントとタープの関係は、寝室とリビングのような関係といえます。

それぞれの家族が隣り合わせでありながら、それぞれのテントやタープは見えない、そんな位置関係におのおののサイトを決定していきました。

さらなる好ましい点は、当時このキャンプ場では、トレーニングができている犬であれば、管理事務所付近以外ならリードを放してもよかったのです。

K山という山の入り口に位置し、千曲川へ合流する川が流れる。犬を伴ってトレッキングも、沢登りも楽しめる。犬連れでの楽しみが豊富だったことも、好ましい点です。

トレッキングのコースはいくつかありました。途中鎖をたぐったり、はしごを登ったりしないと先に進めない、

「これは本格的登山だろう」

といったコースもありました。

私たちは、子ども連れ、犬連れでも楽しめるコースを選びました。

それでも、難所が数カ所ありました。

「どうすんの、これ」

大人でもよじ登らないと先に進めない岩場が、ところどころにあったのです。子どもたちは、自力で岩場の段差、その高さは私の肩の高さぐらいはあったでしょうか。子どもたちは、自力で先に進めません。男性陣の一人Tさんが、先によじ登ります。下にいる男性陣が子どもたちを「タカイ、タカイ」のように持ち上げ、岩場の上にいるTさんに受け渡します。

「あれ？　いつの間に」

子どもたちを一人一人、段差の上へと受け渡している間に、気がつくと犬たちが岩場の上にいるではありませんか。

「さすがケダモノだな」

犬たちはそうした難所も、迂回路を見つけて自らの力で登ってくるのです。

犬たちは時にはじゃれ合うように私たちの先を行き、時には匂い嗅ぎに夢中になって立ち止まり、その間に先に行ってしまっている私たちを、あわてるように追いかけてくる。全行程2時間程度のこの山歩きは、都会では味わうことの決してできない貴重な体験のように感じました。

川での楽しみは、沢登り以外にもありました。流しそうめんです。

千曲川へと合流する川はキャンプ場のすぐ脇を流れていました。その川自体は大きな川だったのですが、そこから枝分かれした小川程度の支流もあったのです。支流のはじまり付近には、1・5メートルぐらいの岩の段差がありました。そこで水の流れをせき止めます。そのせき止めた水を、竹を縦に半分に割り、節を削り取った樋《とい》に流します。もちろん、そうめんと一緒に、です。

子どもたちも大人たちも、箸とつゆの入ったお椀を手に、樋の下流で待ち受けています。犬たちも時々おこぼれに預かっていました。

そこそこお腹が満ちてくれば、子どもたちは水遊びをはじめます。ビールを片手に、足を川の水に浸し、子どもたちと犬たちがじゃれ合っている姿を見ている。今でも胸のあたりがなんだかほんわかしてくるような、そんな思い出です。

私はこのキャンプ場をとても気に入り、その後何回か訪れることになります。ただ残念ながら数年後には、Mキャンプ場は犬連れでの利用ができなくなりました。噂では、管理事務所付近でもリードをつけない、トレーニングできていないのに犬を自由にするといった、ルールを守らない飼い主が年々増え、いくら注意を促しても聞き入れてもらえずに困っていたところに、咬傷《こうしょう》事故が起きてしまったということでした。

その事故をきっかけに、犬連れキャンプは禁止という、措置がなされたそうでした。

犬かきができなかったプー

海にもよく出かけました。

会社員時代に、私はディンギーと呼ばれる小さなヨット、いや大きなウィンドサーフィン？　を趣味にしていました。一時期は、1人乗りと2人乗りを各1艘、三浦半島に位置する三戸浜のヨットクラブに置いていました。

4月から10月にかけては、それこそ毎週海に出ている、そんな感じでした。当時三戸浜には小さなホテルがいくつかあり、週末はそれなりの人で賑わっていました。映画『彼女が水着にきがえたら』のロケ地としても有名で、下の子どもが生まれる前は、そこでキャンプを楽しんだこともありました。

会社を辞めペットショップの仕事にたずさわるようになってからは、一緒に楽しんでいた友人たちと休みが合わなくなり、ディンギーは手放すこととなりました。それでも三戸浜へは、よく出かけました。それはプーを迎えてからも、変わりませんでした。

プーは水が苦手だったようです。波打ち際を歩いても、波を避けるように歩いていました。

Mキャンプ場でも、沢登りをする際には、私たちが川の中を歩いて登っているのに、流れの少し激しいところでは、プーは沢の両側に切れたつ土手を登っていました。土手が段差や木々で遮られると、プーはついてこられません。

「あれ、どこに行ったのだろう」

と、姿が見えなくなったなと心配していると、どこかしらかを迂回してきて、どこからともなく姿を見せていました。

自宅のそばを流れる野川はカワセミが確認できるほど、きれいな川でした。流れが緩やかな時は、鏡を打ったように動きがなく、時々魚が川面を引き裂くように飛びはね、水しぶきを立てます。野川沿いの散歩では、この魚のはねにプーがビックリして、飛び退くといったこともありました。

「泳がせてみようぜ」

2年目の夏だったと思います。モモちゃんと海に出かけた時のことです。友人のS・Yがそういって、モモちゃんを抱きながら海に入っていったのです。胸にモモちゃんを抱き、モモちゃんのカラダの半分程度が海に浸かった時に、S・Yはモモちゃんをゆっくりとリリースしました。モモちゃんは、見事な犬かきを見せました。

「犬だもんな、泳げるわな」

私は、父親が溺愛していたトイプードルのチャーリーが、波打ち際から父親が沖へと漕ぎ出したゴムボートを追いかけ、打ち寄せる波を乗り越え泳いでくる姿を小学生の時に目にして以来、

「誰にも教わらなくたって、犬は犬かきができるもの」

そう思い込んでいました。

「よし、次はプーの番だぞ」

私はプーを胸にかかえるように抱き、海の中に入っていきました。

「いたた」

プーは私にしがみつくように爪を立ててきました。全身が硬直しているのもわかりました。

しかし、私は、

「犬は泳げるもの」

と信じて疑っていませんでした。S・Yがモモちゃんにやったように、体の半分ほど海に浸かったところでリリースすれば勝手に泳ぐもの、そう思っていました。

プーの体が半分ほど海に浸かるところまで進み、リリースするために私は、私の体からプーの体を少し遠ざけようとしました。プーはしがみついて離れようとしません。私は、プーを引きはがすように体から遠ざけ、水の中にプーを放しました。

「えっ」

私は驚きました。前足は空中をかき、後ろ足の方から今にも沈みそうに、プーはもがいているではありませんか。

「あれ、溺れる？」

私はすぐにプーを抱きかかえました。プーは必死に私にしがみついてきました。

「犬にも泳げないヤツがいるんだ」

プーが泳げなかった理由は、今ではよくわかります。

体の力を抜けば、人間なら誰でもそこそこ水に浮いていられるといいます。泳げない人というのは、水中で体の力を抜くことができないのです。結果、足から沈んでいくこととなります。

犬も似たようなもので、地面に四つ足で立っているような姿勢で力さえ抜けていれば、そこそこ水に浮いていることができ、その状態で歩くように足を動かすと、前に進んでいく。

プーは全身に力が入っていました。泳げない人間と同じです。結果後ろ足の方から沈んでいったのです。

インストラクターを目指して勉強していた途中とはいえ、プーには、

「本当にすまない」

といったことを、いろいろとしてしまいました。この一件も然りです。いくら謝っても謝りきれない、そんな心境になります。

私は二度とプーを泳がせようとはしませんでした。

Tタッチ

私が経営していたペットショップが新宿駅西口の百貨店にあったことから、新宿中央公園には、毎日のように出かけていました。

中央公園には滝がありました。

幅38メートル、奥行き10メートルほどの池の向こう側に、高さ5メートルほどの壁が切り立っていて、その壁の上から壁一面に水がつたって落ちてくる滝です。

滝はメインの広場の西の奥側にあり、私とプーはこの広場を南から北へ、あるいは北から南へと、横切ることをよくしていました。滝から30~40メートル離れている場所で、マテやオイデの練習もしていました。

「あれ？」

いつもトレーニングをしている場所から、ある時滝に近づこうとしたら、滝から5メートルほどの距離で、プーはまた動かなくなったのです。滝に近づくことを拒んだのです。何がこわいのかはわかりません。水そのものなのか、水が流れる音なのか、両方なのか。

「よくわからんな」

水が苦手なプーでしたが、すべての水に固まっていたわけではありません。

例えばシャンプー。

プーは、シャンプーには問題がありませんでした。中には暴れて、シンクから逃げ出そうとする犬、シャワーのあるお風呂場から逃げ出そうとする犬などもいますが、プーは、そこまでの抵抗は見せませんでした。

蛇口から流れ出る水はどうかというと、それも平気でした。

その水を直接は口にしませんでしたが、蛇口から食器に流れ落ちる水を怖がっている様子はなく、食器に水がたまり、蛇口を閉められるのをじっとそばで待っていました。

蛇口を止めると、待ってましたとばかりに、食器の水を口にしていました。

しかし、滝はかなり苦手だったようです。

滝に近づき固まってしまうと、フードを口にすることもできませんでした。

野川沿いの散歩ではフードも食べられていましたし、浅瀬であればフードで誘って渡ることもできました。

水たまりは、足を濡らさないように可能な限りよけて通ろうとしていましたが、フードで誘えば通過することもできました。

キャンプでの沢登りでも、フードで誘えばせせらぎなどは苦もなく渡らすことができました。

滝の何かが、フードも口にできないほどの恐怖に、プーを陥れてしまうのは確かです。でも、その何かを特定することができません。

いずれにしても、こわがる状況は、一つ一つ慣らすしかありません。

私は、シェパードのMちゃんに襲われた一件以来、

「これが効くのでは」

という、緊張をやわらげる方法をいろいろと試していました。その一つに「Tタッチ」という手法がありました。

元々はJAHAのインストラクター養成講座で教えてもらった手法です。その後専門家のセミナーなどにも参加して、理解を深めていきました。

フードが食べられない状態の時は、必ずといっていいほど、筋肉の硬直や皮膚の緊張が見られます。

メカニズムを記せば、恐怖やストレスを感じると交感神経が優位になってきて、闘争ホル

モンとも逃走ホルモンとも呼ばれるアドレナリンが放出される。アドレナリンが放出されると、全身は闘争モード、逃走モードに入り、戦うための、逃げるためのシステムが優先される。消化器系は休止状態に入る、そのため食べものを口にできなくなる。同時に、筋肉の硬直や皮膚の緊張が起きる。

皮膚の緊張は、末梢神経、毛細血管も緊張させることになる。すなわち、皮膚の感覚が弱くなっていくということなのです。

「自分の足が今どこにあるかわからない」

いわばそんな状態に陥っているともいえるのです。

Tタッチは皮膚の感覚を呼び戻します。

「今自分の足はここにあるのね」

と意識させることで、皮膚の緊張も筋肉の硬直も解きほぐすことができる。体を解きほぐすことによって、精神的な緊張もやわらげていくことができる。

私は滝に慣らすために、このTタッチをプーに試しました。

Tタッチを続けていると皮膚や筋肉の緊張がやわらいでいくのがわかりました。皮膚や筋肉が柔らかくなると、その場所でフードが食べられるようにもなっていきました。フードが食べられると、そこから一歩程度は、滝に近づくことができました。

こうしたことの積み重ねで、結果的にプーは滝のそばまで近づくことができるようになったのです。

プーが捨てられていた日は、雨が降っていました。それも強い雨が、です。プーの特定の水嫌いは、そうした記憶と何かしら結びついているのかもしれません。

真相はわかりませんが、私は当時そう想像をめぐらせ、プーをふびんに思ったものです。

脳の研究のお手伝い

「え？　毛を剃るんですか？」

犬と触れあっている時に人間の脳はどう変化するのか？

光トポグラフィーという装置を用いて測定する実験のお手伝いをしに、東北大学に出向いたのは２００４年のことです。

私は、当時、犬に関する本よりも、ＤＮＡや脳科学に関する本をよく読んでいました。21世紀は脳の世紀とも呼ばれます。その所以は、外科的な措置を用いずに脳の状態を見ることができる装置が開発されていったからといえるでしょう。

例えばｆＭＲＩ。脳のどの部分が活動しているかを、映像で見ることができます。

例えば、光トポグラフィー。fMRIはCTスキャンのようにドーム型の装置の中に横たわって入らなくてはならず、どうしても人間が自由に活動している時の脳の状態は見ることはできません。一方光トポグラフィーは、前頭前野という見ることのできる範囲は限られてしまうのですが、装置をつけ人間が動くことが可能で、人間が自由に活動している時の脳の状態を見ることができます。

当時、犬の脳の研究も進んでいるのではないかと期待もしたのですが、残念ながらそうした研究をしている人は皆無でした。ただネズミやチンパンジー、サルなどの研究を通して、人間と他の哺乳類の脳の共通点や相違点ははっきりしていました。そこから、犬の脳のことを類推することは可能でした。

情動をつかさどる扁桃体、記憶をつかさどる海馬、やる気に関わる側坐核、そこが反応すると記憶が高まってモチベーションも高まる報酬系回路、それらはいずれも人間のみならず犬も有している。一方、思考の道具としての言語を、人間など一部の脳が発達した動物以外は、持ち合わせていない、そうしたことも理解できました。

私は犬の行動を、それまで重要視されていたオオカミがこうだからという視点ではなく、脳がこうだからという視点で見るようになっていきました。すると、オオカミの行動などとは無関係に、ひとつひとつ納得のいく説明が犬の行動にはつけられるのでした。

こうした脳の機能への理解が深まるにつれ、従来のオオカミと犬を同類と見ていた当時の行動学、アルファシンドローム、権勢症候群といった犬の問題行動への解釈などを、私はますます否定的に見るようになっていきました。

そんな折、とあることから私は、光トポグラフィーを使った研究で有名な東北大学教授のK先生とお話をする機会を得ました。

先生も犬を飼っていました。アニマルセラピーに話は及び「犬といると癒やされる、セラピー効果がある。なぜセラピー効果があるのか。セラピー効果があるということは、脳が何かしらの変化を見せているはず。犬と触れあっている時の人間の脳の状態を、協力してくれる人がいれば見てみたい」と話は進展していきました。

「では、私が協力しましょう」

プーを東北大に連れて行ったのは、2004年3月16日のことです。チビコも一緒でした。研究室にいるスタッフ数名に光トポグラフィーの装置をつけてもらい、プーに触れている時、チビコに触れているとき、癒やし系ぬいぐるみに触れている時、そしてペットボトルに触れている時の、それぞれの脳の状態を見てみました。

結果は、プーに触れている時は、被験者の脳の前頭前野はよく活動していました。チビコでも、プーほどではありませんでしたが、活動はしっかりと確認できました。一方ぬいぐるみやペットボトルには、まったくといっていいほど前頭前野の活動が見られませんでした。

「やはり前頭前野の活動が見られる。セラピー効果が期待できることもうなずける」

「ところで、犬の前頭前野の状態もわかるんですかね」

私はK教授に尋ねてみました。

私はプーの脳の状態も見られるかもしれないと、内心期待していたのです。以前、光トポグラフィーの装置をチンパンジーに装着していた映像を見たことがあったからです。

もしそれができれば、世界で初めて犬の脳の状態を光トポグラフィーで見るという、画期的な実験となります。

「できますよ。でもおでこの毛、全部剃らないといけませんよ」

光トポグラフィーは、赤外線を発し計測するための端末をいくつも頭皮に密着させ付けます。人間は毛髪をかき分けてその地肌に端末を密着させることができるのですが、犬は毛が密集しているので、剃らないと端末がつけられないということでした。

「あ、そうなんですか」

単なる私の好奇心のために、プーのおでこの毛を剃り上げるわけにはいきません。

「すみません、遠慮しておきます」

そう私が口にしたのは、いうまでもありません。

え、こんなものも怖がるの？

脳と体の関係は、一方が一方を支配しているという関係ではない。体の状態が脳を動かすこともある。最近ではそう耳にすることが少なくありません。

Tタッチはまさにそうした作用をもたらすのでしょう。

私がよく行ったのは、足首を親指とほかの指で挟み皮膚を少し上方に持ち上げ指を足から放す。その持ち上げる始点を足首から少しずつ足の上方、腿の方へと移動させていく。こうした方法です。

それと、肩のあたりから腰の付近まで手の平で皮膚をさすっていく方法。これは手の動かし方に特徴があって、まず右手は右肩あたりを、左手は左肩あたりを背骨から脇、脇から背骨という感じでさすり、次に手をクロスさせ右手は左側を、左手は右側を背骨から脇、脇から背骨へ。次にはまたクロスした手を戻し……と、さすりはじめる始点を肩口から腰へと移動させていきます。

他によくやったのは、しっぽのつけ根を片手で包み、円を描くように動かす方法です。

皮膚や筋肉の緊張度は、しっぽの動き具合でよくわかります。緊張度が高いと、つけ根が硬く、スムーズにしっぽは動きません。それが、Tタッチをしていると、しっぽの動きが柔らかくなってくるのがわかるのです。しっぽの動きが柔らかくなると、その場所でフードが食べられるようにもなっていくのです。

Tタッチで、私は様々なものにプーを慣らしました。

新宿公園でプーが怖がったものは、滝以外にもありました。それは、公衆電話のスタンドです。『スターウォーズ』に出てくる人間型ではない方のロボット、R2―D2に1本足をつけたような形とでも説明すればいいでしょうか。前面は扉になっていて、その扉を開くと電話機が現れます。

高さは190センチほどあったように思います。

それまでなんの気も留めずに、電話スタンドの前を歩いていたのですが、ある時急に、プーは迂回するようにその電話スタンドから離れて歩いたのです。

この電話スタンドも、通路の消火バケツ同様に、その前を何十回も通過していました。ただ消火バケツと違ったのは、こわがるようになったきっかけがはっきりしていることです。

カタカタカタカタ……

その日は風が強く、電話スタンドの扉が音を立てていたのです。それまでプーの視線の高さからは、電話スタンドは近づけばただの柱に見えていたのかもしれません。それが音を立てていることで、その足の上に何かがあることに気がついたのでしょう。

「急に動き出し自分に向かってくるのではないか」

プーはそう危惧したのだと思います。

動かずに音を発しないものは、襲ってくる可能性は低いと考えられます。消火バケツがこれにあたります。警戒はしても、慣らすのは比較的容易です。

動かなくても音がするものは、犬からすると、

「生きているかも」

「襲おうとしている何かが隠れているかも」

と感じるのでしょう。音がしない対象よりも、慣らすのは難しくなります。

実際にこの電話スタンドの脇を、以前のように気にせず歩けるようになるまでには、数週間の慣らしが必要でした。Tタッチで体をほぐし、フードを食べられるようにして、少し近づく。日々その繰り返しでした。

視線の高さの話をしましたが、

「え、こんなものも？」

という対象が他にもありました。

百貨店の従業員の休憩スペースとして開放されている屋上を、プーと歩いている時のことです。急にプーが固まって歩かなくなったのです。その場所も、過去に数えきれないくらい通過していた場所でした。

その時にプーがこわがったものはなんだったのでしょうか？

こわがっている対象はすぐにわかりました。プーは上方を見上げて、固まっていたのです。その視線の先にあったのは、消防訓練の際に使用するスプリンクラーの水の噴出口でした。日頃私たちが目にするスプリンクラーは、天井にある直径数センチの水の噴出器の部分だけです。水道管は天井裏に隠されています。普段気に留めることもないでしょう。

しかし、屋上にあったのは、壁面4メートルの高さから唐突にむき出しの水道管が5メーターほど延び、そこに直径30センチほどの電球の傘のようなものがつき、その中心部に水の噴出器がぶら下がっている、そんな形状のものでした。

実はその装置、私もかなりの期間それがなんなのかがわかりませんでした。私の目にも不思議な物体と映っていたわけです。

「なんだあれは！」

プーもそう思ったのでしょう。そして、固まったのです。

幸いにも訓練用スプリンクラーは、訓練時以外は音もたてないし、動きもしません。

機械の真下を中心に半径1メートル以内に入ることができなかったプーですが、Tタッチを行うことで、数分後にはその真下を、何事もなかったかのように通過できるようになったのです。

プーを連れて合宿に

ドッグ・トレーニング・テストに合格した後に待っていたのが、プーを連れての合宿です。すでにお話ししているように、当時のカリキュラムでは合宿が2回ありました。

1回目の合宿は3泊4日の行程で、犬はＪＡＨＡ側が用意します。その犬の扱いを通じて家庭犬のしつけ方を学びます。そしてそこで学んだしつけ方で、自らの犬をトレーニングし、ドッグ・トレーニング・テストに合格させます。

2回目の合宿は4泊5日、ドッグ・トレーニング・テストに合格した犬を連れて参加し、そこではインストラクタースキルを主に学びます。

犬連れの合宿は、横浜港北の盲導犬協会のトレーニングセンターで行われました。港北のトレーニングセンターは、狛江の自宅から道が空いていれば30分の道のりでした。ＪＡＨＡの養成講座の受講生は全国にいます。地方からの参加者は、泊まりで参加せざるを得ないのですが、私の場合は通えます。

プーの状態はフロリネフのおかげで安定していました。貧血も一時的なものだったらしく、その後は落ち着いていました。

とはいえフロリネフの投与は欠かせません。体調が急に悪くなることも考えられます。大型犬が多い合宿への参加は、プーにそれなりのストレスがかかることも予想できました。病気のこと、大型犬からのストレスなども含め、獣医師にも相談しました。獣医師からは、通えるのなら通う方がいいのでは、とアドバイスされました。

「通いで参加したいのですが」

ＪＡＨＡに私の意向を伝えたところ、それでもかまわないということでした。

合宿ではチャレンジと名づけられた課題が出されました。あらかじめ用意されている項目から、いくつかをチョイスします。合宿最終日までに、その項目に指定されている行動を、自分の犬に教え込まなければなりません。

私がチョイスしたのは、クレートトレーニング、タテ・マテ、ドロップ・オン・リコールなどでした。

ドロップ・オン・リコールという課題は、オスワリの姿勢でマテをかけ、6メートル離れてオイデで犬を呼びます。6メートルの中間地点にはラインが引かれています。オイデの合図で犬が飼い主の元へ向かっている途中、引かれたライン上でフセをさせ、再度オイデで飼い主の足下まで来させます。フセの際、ライン上に犬の体の一部が乗っていなければ、合格とはみなされません。

クレートトレーニングとタテ・マテは日常的にトレーニングをしていたので、簡単にクリアできたのですが、ドロップ・オン・リコールは初めて教える行動パターンでした。

実はこの合宿で気づかされたことがありました。それは、犬はパターンで行動をまず覚えるということです。

合宿の前半に、6メートル離れた状態で、オスワリ↓フセ↓オスワリができるように犬に教える、という課題が出ました。

すでに私は、オスワリ↓フセ↓タテ↓オスワリというパターンを、プーに教えていました。私が教えていたパターンの方が、難易度が高いのはあきらかです。難易度の低いオスワリ↓フセ↓オスワリは、プーにとってはなんでもないもののはずです。

「教えなくてもできるはず」

私はそう考えていました。ところが、プーはできなかったのです。

プーは、オスワリ↓フセの後はタテだと思っていたのでしょう。

「えっ？　タテじゃないの」

プーは混乱したようでした。

教えていないパターンはできないのであれば、新しいパターンを教えればすぐできるようにもなるはずです。それを証明するかのように、5分程度のトレーニングでプーは、オスワリ↓フセ↓オスワリのパターンもできるようになったのです。

ドロップ・オン・リコールに話を戻せば、オイデもフセも教えていますが、オイデの途中に、いきなりフセが入るといったパターンは教えていません。

私は毎朝、盲導犬協会のトレーニングセンターへと向かう前に、誰もいない祖師谷公園のグランドで、ドロップ・オン・リコールを練習しました。まずは止まった状態でいきなりのフセを教えます。次に歩きながら、いきなりのフセを教えます。さらには、2メートルほど離れた位置からのオイデ、その途中でフセをかけていきます。後は距離を延ばしていくだけです。

毎朝10分程度のトレーニングを重ねることで、合宿4日目にはみごとこの課題をクリアすることができました。

オスワリはお尻を床につけること、フセはお尻を上げずに両ひじを地面につけること、オイデは飼い主のそばまで来ること、タテは四つ足で立つこと。私たち人間は、言葉と姿勢や行動を結びつけて理解できるので、どんな状況でもオスワリと指示すれば、犬はお尻を床につけることができるはずと思い込みます。

しかし犬は、言葉を人間のようには理解しません。まずパターンで覚えるのです。4つ足で立った状態からのオスワリはできても、フセの状態からオスワリの指示でお尻を床につける行動は、そのパターンを教えていなければできないのです。

パターンを教えていないことはできない。いろいろなパターンを教えることで、やがてそれぞれの言葉と行動を結びつけていく。こうしたことも、プーが私に教えてくれた大切なことのひとつといえます。

ジェントルリーダー

「チョークカラーは虐待商品といえます」

チョークカラーとは、首を絞めあげることのできる首輪のことです。多くは鎖でできていて、これを装着すれば、犬が引っぱらなくなるのでは……そう考える人が特に中・大型犬の飼い主には多くいます。

チョークカラーは訓練士が一般的に使用している道具ですが、テリー先生は家庭犬のトレーニングには必要のない道具、と位置づけていました。

チョークカラーは罰を与えるための道具です。引っぱれば首が絞まって苦しい、だから犬は引っぱらなくなるはず。しかし実際は、犬の引っぱりはそれほど軽減されません。犬はゼイゼイ言いながらも引っぱるのです。訓練士はジャークという手法を用います。グイッとひじから先、手首を使って、一瞬のショックを犬の首に与えるのです。

弱ければ効かないし、強すぎれば頸椎を痛めてしまいます。適切な加減を体得するには3年はかかる、と訓練士たちは口をそろえていいます。

チョークカラーなど使用しないでも、犬の引っぱりは軽減できる。テリー先生は、引っぱりの軽減に、より効果的な新しい道具を推奨していました。

それがジェントルリーダーです。

馬が人に引かれて歩いているのを見たことがあるでしょう。何百キロもある馬を、首輪にリードという組み合わせでは、まったくコントロールできません。馬は口回りに装着した道具に、犬でいうところのリードがついています。リードを引っぱると、鼻先の向きが変わります。鼻先の向きが変わると、馬の体全体の向きが変わります。

ジェントルリーダーの原理は、これを応用しています。

口回りにぐるりとかかるノーズループと、首にかかるネックストラップから構成され、リードはノーズループにつながります。ネックストラップはかなりタイトに装着します。ネックストラップのきつさの加減、および位置などが適切でないと、効果は半減してしまいます。

犬が引っぱっている時、犬はその方向に鼻先を向けています。鼻先が向いている方向に一番力が入るからです。

ジェントルリーダーを装着している状態で犬が引っぱると、ノーズループが作用し犬の鼻先の向きは、リードを手にしている飼い主の方へと変わります。必然的に今まで引っぱっていた方向には、力が入らなくなってしまうのです。

「ジェントルリーダーは引っぱりに悩む飼い主に奨めるとよい」

ということで、合宿の中でその装着の仕方に関する講義がありました。

説明は、日本で一番ジェントルリーダーに詳しいというHさんが、テリー先生に代わって行いました。

すでに私は、ジェントルリーダーを試していました。プーが攻撃的になった時の突進が軽減できる。そう考えたからです。

でもうまく使えませんでした。

ジェントルリーダーを装着すると、プーは固まってまったく動かなくなってしまうのです。

「装着の仕方が悪いのかな」

そうも思っていましたので、詳しい人からのアドバイスに、私は大きな期待を寄せました。初めてジェントルリーダーを装着した際のパターンは、三つとされていました。一つ目は、たいして気にせずいつもとそうは変わらずに動くタイプ。二つ目は、必至になって外そうとするタイプ。三つ目は、しっぽが下がり暗くなってしまうタイプ。

プーは三つ目のタイプに近いのですが、それでも普通はおやつなどで誘えば少しは動くはず、という話でした。

「初めてだわ、こんなに動かない犬は」

プーはこの時もまったく動かなかったのです。装着の仕方も間違ってはいませんでした。

「プーには向かないんだな」

プーにジェントルリーダーを試すことを、私は諦めることにしました。

ところがある時気がつくと、プーはジェントルリーダーを受け入れるようになっていたのです。合宿からひと月ほど経った時のことです。

プーに試すことは諦めていたのですが、ショップではジェントルリーダーを販売していました。

「ネックストラップは、このくらいのきつさで、この位置にくるように」

私は商品を説明する際に、いつもプーに手伝ってもらっていたのです。

動かないのはわかっていましたので、つけては外すだけ。もちろん、装着したら、ご褒美のおやつを与えていました。それだけを何十回と行っていたのです。

そのくり返しが、ジェントルリーダーへの慣らしに効果があったようです。あるとき、ジェントルリーダーを装着したプーをフードで誘うと、ついてきたのです。

思いがけない収穫でした。

その日から、私はジェントルリーダーを状況に応じてプーにつけることにしました。以降、他犬への突進に対する対応が楽になり、他犬への慣らしも以前よりもスムーズにできるようになっていったのです。

プーへの理解

「うわっ、デカい！」

合宿には大型犬がたくさん参加していました。

一番大きかった犬種はアラスカン・マラミュートでした。他に、ラブラドール・リトリバー、ゴールデン・リトリバーが数頭ずついました。ベルジアン・タービュレンやエアデール・

テリアも参加していました。

日本犬ミックスはプーだけでした。

犬の集中力は、それほど長くは続きません。高度の集中力を要求される警察犬は、その作業時間は10~20分程度といわれています。盲導犬は、飼い主が勤務先にいる時は、フセの状態で休んでいます。彼らのもっぱらの仕事は、家から飼い主の勤務先へと向かう道のり間です。その時間は長くても30分程度といわれています。

合宿では作業犬ほどの集中力を犬に求めるわけではありません。それでも、長時間何かをさせることは、犬にストレスをかけることとなってしまいます。

そこで講義の進め方としては、座学1時間、犬を使っての実習1時間、といったスタイルがとられていました。座学の間は、犬はクレートで休ませます。

プーは大型犬やせわしないタイプが苦手なので、私は、プーを出している間はまわりの犬に対して、吠えて突進しないようにかなり神経を使う必要がありました。

「名前はプーです。大きな犬が苦手です。ご迷惑をおかけするかもしれませんが、よろしくお願いします」

自己紹介で、まわりの犬にも配慮をしてもらえるよう、お願いをしました。

「すみません、大きな犬に挟まれるとストレスがかかるので、最後尾に回っていいですか」

犬を使っての実習では、チームに分かれてリレー形式で何かをするといったこともあります。そうした時には、先手を取って、トラブルが起きないように回避することに努めました。

「自分の犬がトラブルを起こさないように配慮することはとてもいいことです」

テリー先生はそうした私の行動を評価してくれました。

「参加している犬の中で、一番ストレスを感じているのは、どの犬だかわかりますか？」

こんな質問を受講生たちに投げかけてもくれました。

「答えは、プーくんです」

周囲に、プーに配慮をするように伝えてもくれたのです。

それでも、事件は起きました。

ぬいぐるみの犬とオスワリをしている本物の犬のまわりを、8の字を描くように歩く、フィギュア8という項目の練習をしていた時です。ぬいぐるみの犬とオスワリをしている本物の犬の間は2メートルほど離れています。座る犬役と役割を交代しながら、トレーニングを進めていました。

プーは座る役でした。歩く練習をしている犬が、まずはぬいぐるみのまわりを回ってきました。今度はプーのまわりを回ります。

プーのまわりを1周し終え、ぬいぐるみの方向に進みはじめる、まさにその時でした。

相手の犬が飼い主への集中を外しプーを見たのです。運悪くその時、プーも私から視線を外し、相手の犬へと視線を向けたのです。

その瞬間です。

「ウゥッ」

プーは軽く唸り、相手の犬に突進してしまったのです。ただその一瞬のできごとだけで、その後ケンカがはじまることもなく、相手の犬はぬいぐるみの方向へと、そのまま遠ざかっていきました。

プーもすぐに私への集中を取り戻すことができました。

ことなきを得た、と私はホッと胸をなでおろしたのですが、その日の講義が終わった後、私はテリー先生に呼び出されることとなりました。

テリー先生の元に出向くと、

「プーくんに噛まれた、と報告がありました」

どうやら先ほどの突進のことのようです。

「いや、軽く突進は見せましたが、噛んではいません」

話を聞くと噛まれたというのは犬ではなく、飼い主の方でした。突進の際にプーの鼻先が、軽く飼い主のお尻にあたったようでした。

私はその時の模様を詳細に説明しました。

「インストラクターへの道もここまでかな」

私は弁解が通らなければ、この養成講座も合宿より先のレベルにはもはや進むことはできない、そう覚悟をしました。

「心配はいりません。プーくんとあなたはよくやっています」

テリー先生は、この一件で不合格になるようなことはない、それを明言してくれました。

「自分の犬の視線を管理できていなかったのはお互い様で、プー君のことを配慮するように伝えていたのにそれができていなかった相手にも、問題があります」

涙が出るほどに、うれしく思いました。

「ありがとうございます！」

私は心からのお礼を述べ、プーの元へと喜びを伝えに走りました。

盲導犬協会での修行

講座では2回の合宿でそれぞれ、カリキュラムの提出、ビデオの審査……と最後の認定面接に至るまでに、何回かの合否判定がなされました。

2回目の犬連れ合宿における私の合否は、「条件つき合格」というものでした。不合格ではないが、次の段階のビデオ審査に進むには示された課題をクリアしなければならない、という内容でした。

示されていた課題は、「認定インストラクターの教室でアシスタント経験を積みなさい」というものでした。

94年からスタートした養成講座は、97年に認定インストラクター1期生を世に送り出していました。

そして「アシスタントをさせてくれるインストラクターに関してはMさんにお問い合わせください」というコメントも添えられていました。

私は早速、Mさんに電話をして事情を話してみました。

「私は定期的に教室をやっていないわ」

Mさんは、月に2回、飼い主の会のようなところで教室のようなことは行っているが、カリキュラムがあるようなものではない、また東京近郊で教室を定期的にやっている人はまだいない、といったことを話してくれました。そして家庭犬のためのしつけ教室ではないが自らが関わっている日本盲導犬協会で、認定インストラクターのSさんがパピーウォーカーのためのしつけ教室を毎週行っていて、そこでのアシスタント経験が課題に合っているのではないか、といったことをアドバイスしてくれました。

「盲導犬協会のお手伝いをさせてもらうにはどうしたらいいでしょう」

「では、Sさんには私から伝えておきますから、今度の日曜日に港北のトレーニングセンターまで来てください。私も行きます」

「お願いします。では、日曜日に」

Sさんのことは講座の中で先輩として紹介されていましたので、顔は知っていました。警察犬訓練所で修行を積み、警察犬訓練士、JKC訓練士、シェパード協会認定の訓練士資格を取得、その後JAHAの家庭犬のしつけインストラクターの認定も得たという、私からすれば犬のトレーニングのプロの中のプロ的な存在でした。

「ドッグ・トレーニング・テストに合格するには、三倍の難易度で練習するといい」

最初の合宿で受けたSさんからの話は印象に残っていました。

「普段できても、テストの時は飼い主がいつもと違う感じになっちゃうからね」

三倍くらい難しい条件でできるようにしておくと、飼い主は気持ちに余裕が持てるのでいつもと同じようにできる、そういったアドバイスでした。

三倍の難易度とは、例えば足下でのフセ・マテ10秒という課題であれば、30秒できるようにトレーニングする、6メートル離れてのオイデなら18メートル離れた距離からのオイデを行う、スワレ・マテで1・8メートル離れて30秒というのが課題であれば、1・8メートル離れて90秒、あるいは5・4メートル離れて30秒できるようにトレーニングする、ということです。

日曜日に盲導犬協会に出向くと、Sさんは私を快く受け入れてくれました。その日からアシスタントとしてつくことも了承してくれました。

養成講座の受講生は、ラブラドール・リトリバーやゴールデン・リトリバーの飼い主が多く、自身の犬に問題がない人が大半でした。少しでも攻撃性を見せる犬はダメ、少しでも吠える犬はよくない、そういった考え方や見方をする人が少なくないように感じていました。

しかし、Sさんは、

「そもそも犬は吠えるもの、犬は噛むもの」

そうした考えを持っていました。プーの他犬に対する攻撃性も、

「気にしなくてもいいわよ、ちゃんとコントロールしてくれれば」

と理解を示してくれ、プーを盲導犬協会に連れてくることも許可してくれました。

「街を歩いたらおとなしい犬ばかりじゃないんだから。盲導犬はいろんな犬がいる街中を歩くんだからね」

以降、私とプーは毎週日曜日に、港北にある盲導犬協会のトレーニングセンターへ出向く

ことになりました。この盲導犬協会でのアシスタント経験は、プーにとっては、ラブラドール・リトリバーに対する、いい慣らしにもなりました。

「それ以上近づくなよ」

「ワフッ」

と一声吠える行動はゼロにはなりませんでしたが、体が触れあうほどに近づかなければ、突進を見せることはなくなっていきました。

「勉強になるよ、プーくんは」

Sさんは、そうもいってくれました。

「問題のある犬や難しい犬を育てる方が、インストラクターとしてのスキルを絶対上げられるからね。ラブやゴールデンじゃあね」

Sさんのもとでのアシスタント経験は、インストラクターに不可欠なスキルを確実に向上させてくれました。

Sさんのアシスタントについてから8ヵ月後には、インストラクターの認定を無事得ることができました。それでも、Sさんから学ぶことはまだまだあると考え、私は盲導犬協会でのアシスタントをしばらく続けることとしました。

結果、その経験は2年に及ぶこととなりました。

ピンポン吠え

ピンポーン！

「ワン！　ワンワン！」

ドアホンの音に反応して吠えてしまう。飼い主の悩みごとのひとつですが、プーも5カ月を迎える頃からその行動を示すようになっていました。

インストラクター養成講座に通っているとはいえ、当時は素人に毛が生えた程度の知識とスキルしか持ちあわせていなかったわけで、致し方ありません。

なぜそれらが起きているのかを理解できていないわけですから、その行動を改善する策も、効果的かつ確実なものは思いつきません。

ただ事実としてわかるのは、プーはドアホンが鳴ると、玄関まですっ飛んでいって吠えていたことです。だったら、玄関まで行かせなくすればいい。私は、プーがリビングから玄関まで行くことができないように、さらには玄関が見えないように、工夫を凝らしました。

しかし、効果はありませんでした。ドアホンが鳴ると、やはり吠えるのです。

「静かに！」

もちろんいくら叱っても効果はありません。ところが、あることをきっかけに、プーのドアホン吠えはなくなってしまったのです。

そのあることとはなんでしょうか。

それまでのドアホンは、玄関にある四角い装置についているボタンを押すと、リビングにある受話器が鳴るというしくみでした。

「どちら様ですか？」

リビングにある受話器を手にして、玄関とのやりとりをする、極めてシンプルなドアホンです。

リビングまで行かないと、ドアホンには出られません。それを不便に感じた私は、2階にいても、庭に出ていても、その場でドアホンに出られるようにと、コードレス電話でやりとりができるよう、システム全体を変えたのです。

新しいドアホンの音は、今までの音とは違います。

ピヨピヨピヨ、ピヨピヨピヨ

そうなのです。システムを変えて、呼び出し音が変わっただけで、プーは吠えなくなったのです。

「こんなこともあるんだな」

と、当時はなぜそうなったのかをしっかりと理解はできていませんでした。

なぜ吠えるようになるのか。

後々、私の中ですべては明らかになっていきました。

理由はこうです。

飼いはじめて間もない犬は、ドアホンの音には無反応です。それが何を意味するかを理解していません。また4カ月齢未満の犬は、警戒心よりも好奇心が強い社会化期にあるため、玄関から入ってくる人に吠えることもありません。

それが、社会化期が終わる5カ月齢前後から変わっていきます。

犬は社会化期が終わると、好奇心よりも警戒心が強くなっていきます。と同時に、テリトリー意識もしっかりとしてきます。

「入ってくるな、出ていけ」

それまでに、家に来る人すべてからフードをもらうなどの、来訪者への積極的な慣らしを行っていないと、テリトリーに侵入してくる相手に吠えて、追い払おうとしはじめるのです。

そして侵入者が現れる前ぶれが、ドアホンの呼び鈴だと気がつくようになり、やがてドアホンが鳴った時点で、犬は吠えはじめるようになるのです。

積極的な来訪者への慣らしを行わなければ、多くの犬はそうなります。犬は放っておけば番犬になる。だからこそ、日本では縄文時代から犬を身近に置き生活をしていたのです。

問題の原因がわかれば、その予防策を講じることができます。

まずは、飼いはじめの時期から、すべての来訪者から犬にフードをあげてもらうことです。来訪者が嫌な存在でなければ、追い払う必要はありません。さらに、呼び鈴を鳴らしてはフードをあげることです。ドアホンの音が飼い主からフードがもらえる合図とわかれば、ドアホンを耳にすれば、飼い主の元へとやってくるようになるからです。

「すでに吠えるようになってしまっている犬の場合はどうしたらいいか」

その場合は、ドアホンの音でハウスに入るようにトレーニングをすることです。ハウスに入ったら、扉を閉め、目隠しの掛け布をかけ、犬に飼い主が玄関に行く姿を見せないようにして、玄関に出ていくようにします。それでも玄関の気配に吠える場合は、その気配の音を録音し、吠えないレベルの音圧からフードを与えながら少しずつボリュームを上げて慣らしていきます。

問題行動がなぜ起きるのか、そしてその効果的な予防策、改善策はどういったものなのか。

今ではそのひとつひとつを、こと細かに飼い主に説明することができます。これもプーがいたからこそ、できるようになったことなのです。

ちなみにプーのピンポン吠えが消失した理由はこうです。

玄関に行けなくなってからドアホンの音が変わったため、新しいドアホンの音が知らない人が入ってくる前ぶれということにいつまでも気づくことがなかった、ということです。ただそれだけのことだったのです。

デモンストレーション犬として

「自らクラスを開催し、その様子をビデオにおさめ、提出する」

養成講座の最後の難関である、ビデオ提出の段階までできた時の話です。

クラスは春に、百貨店の屋上で開催することにしました。百貨店側とペットショップの新サービスとして、しつけ教室を展開したいという交渉を進めました。

交渉を進めるうち、大きな問題が出てきました。

屋上まで、中・大型犬たちをどうやって上がらせるか。

小型犬はキャリーバッグに入れてさえいれば、食料品売場、レストランフロア以外は、どこにでも連れあるくことができました。しかし、中・大型犬はそうはいきません。

「地下駐車場から荷物搬入のエレベーターで上がってもらうのはどうでしょう」

私は、プーが出退勤時に通っているルートを提案しました。

「うーん、お客様にバックヤードをお見せするのは、いかがなものか」

百貨店側の担当者は、首を縦に振りませんでした。

気持ちはよくわかりました。お客様が目にする表の部分は、清潔できらびやかな百貨店ですが、その裏側に一歩踏み込めばそれは、ネズミなどもうろちょろしている、決して清潔とはいえない、混沌とした世界です。

「地下から屋上まで上がれるエレベーター1基を使う、というのはどうでしょう」

「いやぁ、犬嫌いのお客様と一緒になったら問題が起きる」

「では、クラスの前後の時間限定で地下から屋上まで専用の直通にするのは？」

「なるほど、それならなんとかいけるかも知れませんね。上とかけ合ってみます」

中・大型犬の問題はこれで解決しました。

次の問題は、生徒さんをいかに集めるか、でした。

「しつけ教室って何？」

都内でしつけ教室をやっているところなど、どこにもありません。

できあがっていない商品、どんなものかもわからない商品を販売するようなものです。受講生を募っても、なかなか申し込みがありません。仕方がないので、まずは知り合いに声をかけ、最少催行人数を確保していきました。

実際のクラスでは、先輩インストラクター2名の力もお借りしました。

プーもデモンストレーションで活躍してくれました。

当時の百貨店の屋上には、パトカーや、パンダの乗り物など、硬貨を入れて数分間楽しめる遊具などがたくさんありました。滑り台などの無料で楽しめる遊具もありました。幼児を伴った家族が、連れだってやってきます。それはそれは、とても騒がしい場所でした。

そうした喧噪《けんそう》の中でも、大型犬さえ近くにいなければプーはデモンストレーションを、そつなくこなしてくれました。

そこで収めたビデオを提出し、私は晴れてJAHA認定の家庭犬しつけインストラクターの認定を得ることができたのです。

参加者を集めることに苦労した春のしつけ教室でしたが、秋からのクラスの募集には、それほど苦労はしませんでした。

「ぜひ、土曜日に見学に来てください」

春のクラスの開催期間中は、ショップのお客様に次々と声をかけていきました。

「次はいつあるのですか」

クラスの模様を見て、秋のクラスの予約をしていくお客様も出てきました。

最初のクラスの勧誘は、言ってみれば存在しない商品を売るようなものでした。それが、できあがっている商品を売るのと同じ状況へと変わったのです。

春には土曜日に2クラスしかなかった教室が、秋には3クラスとなり、さらに次の冬の教室は金曜日にも2クラス設定する運びとなったのです。順調にしつけ教室への参加人数は増えていきました。

翌年の春を迎える段階で、需要がこれだけあるのなら、

「常設の教室も成り立っていくのではないか」

と考えるようになり、2000年の8月には成城スクールをオープンすることになります。

常設で、しかもインドアで行われているしつけ教室は、東京には皆無でした。

誰もやっていない事業です。成功例など存在しません。

オープン当初は、

「もって半年ね」

などと、先輩インストラクターから陰口をたたかれもしました。しかし、おかげさまで、
現在まで順調に続けてこられています。卒業生はのべ4千名を超え、しつけ教室の草分けと

して、メディアにも広く知られる存在にもなりました。

すべてはプーとの二人三脚、いや一人と一匹五脚で、スタートした家庭犬しつけインストラクターへの道です。プーがいなければ、今の私はないといっても過言ではないでしょう。

生まれもわからない犬だったこと、途中犬嫌いになったこと、様々な病気にかかったこと……。諸々のできごとを通してプーは、私に多くのことを教えてくれました。

家族として、仕事のパートナーとして、プーはたくさんの思い出も残してくれました。プーは私の心の中で、私が死ぬまでいつまでも生き続けることでしょう。

『いぬのきもち』

「哲学者みたいですね、プーくんは」

ある時、雑誌『いぬのきもち』の撮影で編集者Sさんが、プーの横顔を見ながらそう口にしました。

「なぜって、なんかいつも、何かを考えているように見えるんで」

はしゃぐプー、警戒するプー、遊びを誘うプー、考えるプーなど、私はプーの違う側面をたくさん知っていました。しかし人によって印象はそれぞれなんだな、とその時私は納得したものです。

『いぬのきもち』は、日本で一番売れている犬の雑誌です。創刊は２００２年です。うれしいことに、２０１２年の創刊10周年記念時には、誌面最多登場監修者1位という名誉を、私は授かることとなります。累計の登場回数は10年で１２５回。月刊誌ですので、平均すると毎月誌面に登場していた計算になります。

プーは私と一緒に、同誌の創刊の年から亡くなる２００６年まで、誌面に登場しました。もちろん私のパートナードッグとしてです。

家族との思い出も遺してくれました。

２００３年9月号には、私の2人の子どもたちと一緒に、誌面作りに参加しました。上の子が12歳、下の子が9歳の時でした。

通常撮影は、平日の午前中からはじまり、夕方には終了します。時には撮影が延び、夜まで続くこともあります。しかし、この時の撮影は午後からのスタートとなりました。平日、子どもたちには学校があったからです。

次男が早めに学校が終わるというので、私、そしてプーと一緒に新宿の撮影スタジオに向かいました。

撮影は『いぬのきもち』の読者家族、8歳のお嬢さんとミニチュアダックス、そしてお母さんにも協力してもらいました。

企画内容は「子どもといぬが楽しく安全にふれあう方法」について。長男がいなくても進められる撮影からはじめることとなりました。

犬が苦手ではない子どもたちは、犬に触りたがります。犬を抱きたがります。散歩の時にリードを持ちたがります。いずれも飼い主が十分な配慮を怠ると、子どもたちがケガをする、犬たちにストレスを与える、事故が起きる。そうした結果を招きます。

例えば、子どもたちに犬を抱かせる時は、必ずリードを飼い主が短めに持つこと。この注意を怠ったがために、子どもが抱いていた犬が暴れて逃げ出し、目の前で車に轢かれてしまった、そうした事例が実際にあるのです。

散歩の時リードを持ちたがるのなら、飼い主が1本、子どもが1本という具合に、2本リードをつけること。

自分の家の犬以外に触りたい時には、飼い主に挨拶をし、触ってよいか承諾を得ること。承諾を得られたのなら、犬にストレスを与えないように犬の目を見ないように、回り込むように近づくこと。

こうした注意や配慮も、事故を起こさないために不可欠といえます。

犬との遊びにも、工夫が必要です。

引っぱりっこ遊びは、小さい子どもには適しません。犬に噛まれる危険があるからです。トッテコイはおもちゃを投げる役を子ども、おもちゃを返してもらう役を飼い主、というふうに役割分担を明確にすると、事故は起きにくくなります。

子どもが隠れて犬を呼び探させる「隠れん坊」や、子どもにおもちゃなどを隠させそれを犬に探させる「宝探し」などは、事故が起きにくく、子どもたちも楽しめる遊びです。

授業を終えて6年生だった長男が妻とやってきたのは、4時過ぎでした。

長男にもいくつかの撮影に参加してもらい、残すところは子ども3人と2匹の犬が全員登場するシーンのみとなりました。

特に時間をかけたのは、記事のトップページに使われる写真でした。一番大きく使われる写真です。ドアの陰から顔だけ出している、それも、下からプー、次男、読者家族のお嬢ちゃん、長男、そして読者家族の犬が、トーテムポールよろしく縦に顔を出す写真でした。

現在、子どもたちはいずれも成人しています。私は時折、この号を手にしてページを開きます。すると当時の子どもたちの姿が思い出され、胸のあたりがじわっとしてきます。

時々手にするバックナンバーは、もう1冊あります。

2006年12月号です。プーはこの号を最後に、2度と誌面に登場することがなくなります。撮影は9月に行われました。プーは亡くなる前の月まで、私のパートナーとしての仕事を、元気にこなしていたということになります。

プーが亡くなった時には、編集チームからお供えの花とお言葉、それと最後の誌面で使用されたプロフィール写真を引き伸ばし、フレーム処理したパネルをいただきました。その写真といただいた言葉のカードは、今でも私の部屋にある、プーの遺骨のそばに置かれています。

12月号ができ上がり、私の手元に届いたのは10月の末でした。プーはすでに亡くなっていました。

「これが最後の撮影になっちゃったな」

私は編集チームからいただいていたプロフィール写真の隣に、プーが登場する最後の号をそっと並べて、お線香に火を灯しました。

いける口

「おまえもやってみるか」

私は仕事を終え自宅に戻ると、毎日のように晩酌を行っていました。

私は特にこれといった好みの酒の種類があるわけではなく、ビール、ワイン、焼酎、ウィスキー、バーボン、ウォッカ、日本酒、紹興酒、テキーラ、ジンと、あらゆるアルコールを口にしていました。

「今回は、何を召し上がっているのですか？」

あたかもそう言っているかのように、リビングでプーとくつろぎながら私が嗜《たしな》んでいると、プーはよく私のそばにやってきました。そして、グラスの中の液体の匂いを嗅ぎたがるのです。

私はいたずら心を出して、

「今日はこれだよ」

といってプーにグラスを近づけます。

「クンクンクン」

プーはグラスに鼻を近づけてきます。そしてその後は、大きく分けて二つの行動を見せるのです。

「フンッ」

と、ひと嗅ぎして鼻から息を吐き出し、元のくつろいでいた場所に帰る、これが、その一つ。もう一つは、

「ペロッ」

っと、グラスの中の液体をまるで味を確かめるようにひと舐めする。

「フンッ」か「ペロッ」か……。

この2つの行動の違いは、何によるものなのか。

少なくとも、前者の「フンッ」に関してはすぐに、予想できるようになりました。蒸留酒には確実にその行動を示したのです。揮発するアルコールが鼻をつくのでしょう。

醸造酒なら「ペロッ」か、というと、そうとは限りませんでした。紹興酒やワインには、口をつけようとしませんでした。

「プーはやっぱり、日本犬の血が入ってるんだ」

とそばにいる妻に声をかけたことがありました。

「なんで?」

「だって、日本酒は口にするけど、紹興酒もワインも口にしないから」

「何いってんのよ、ビールは口にするんでしょ」

プーはビールも口にしていました。妻はそれを知っていたのです。

「それよりも、気になってたんだけど犬にお酒なんて飲ませていいの?」

妻が気にするのも無理はありません。なぜなら、同じ疑問を私もかつて抱いたからです。

日本酒やビールをペロッと口にするのがわかった時、私は検診時にアジソン病への影響も

心配だったので、

「日本酒やビールは口にするんですけど、あげても問題ないんですかね」

と、獣医師に聞いていたのです。

「プーくんのサイズであれば、舐める程度なら問題ないと思いますよ。酒は百薬の長ともいいますしね」

「酔っ払うんですかね」

「もちろんそれなりに与えれば酔っ払うと思います。でも試しちゃダメですよ」

舐めても一ペロ、二ペロ。私は、プーがお酒に酔うところはついぞ見ることはありませんでした。でもプーが酔っ払う姿を見たことがないかというと、実はあるのです。私は、意外なところでプーが酔う姿を、目にすることがありました。

ノミなら24時間以内に、ダニなら48時間以内に、体についた虫を落とすという商品があります。現在は、犬の肩甲骨の間に液体を垂らすスポットタイプが主流ですが、その機能を持った商品が出始めた頃はスプレータイプしか手に入りませんでした。

スプレーの注意書には、次のようなことが書かれていました。

「アルコールが含まれている」

「吸引しないように風通しの良い場所でスプレーする」

ある時私は、このスプレーを百貨店のショップ内でプーにかけたのです。ショップは大きな売場フロアの一角にあります。私はそこが、風通しが悪い場所とは思いませんでした。

プーの酔う姿を見たのは、このスプレーを全身にかけてからしばらくしてのことでした。なんとなく足がふらついているように見えたのです。

「こりゃ、チドリ足だ」

そうなのです、プーはこのスプレーのアルコールに酔っ払ってしまったのです。

その一件以来、私はスプレーを屋外で行うようにしました。翌年には、スポットタイプが出回るようになったように記憶しています。スポットタイプが手に入るようになり、スプレータイプを使うことはなくなりました。

私の人生で、酔っ払う犬の姿を見たのは、あの時が最初で最後でした。犬も酔うとチドリ足になる、このこともプーが私に教えてくれたことのひとつです。

「おまえもやってみるか」

日本酒やビールを口にすると、今でも私はときどき、プーと晩酌したあのひとときを思い出すのです。

クリッカー・トレーニング

「よくトレーニングできている犬は、こうなります」

会場には100名以上の受講生がテリー先生の話に耳を傾けていました。

講義の途中では、模擬的なレッスンなども行われます。生徒役はお手伝いスタッフとそのパートナードッグが務めます。

私は生徒役としてプーと壇上に上がり、テリー先生の隣に立ちました。テリー先生は、ペンを手にしていました。テリー先生は受講生に向けて話を続けていたのですが、気がつくとプーはテリー先生が手にしているペンの先端に鼻をつけようとしていたのです。

テリー先生もプーの行動に気がつきました。

ちょうど話は、自発的な行動を高めていく、クリッカー・トレーニングに関する内容でした。

私がクリッカー・トレーニングを知ったのは、JAHAの養成講座の1回目の合宿です。ある程度の知識と技術の習得が必要となりますが、それらを身につけられれば、クリッカー・トレーニングは、犬も人も楽しみながら、様々な行動を犬に教えることができる、ユニークなトレーニング手法です。

クリッカーとは指で押すと「カチッ」というクリック音が鳴る道具です。

準備段階として、クリッカーを鳴らしては犬にフードをあげる、この動作を繰り返します。するとやがて、犬はクリッカー音が鳴ると、フードが出てくると理解していきます。

脳科学で確認されている事実から類推すれば、フードをもらった時に反応する脳の部位が、クリッカー音を聞いただけで同じように反応している、ということなのです。

これは、クリッカーの音を耳にした瞬間に、

「やったぁ！」

と、犬の脳が反応することを意味します。

この手法のルーツは、イルカのトレーニングにあります。イルカはクリッカーではなく、多くは笛を用いています。ジャンプしたり、バックしたり、イルカに限らず、現在目にする動物たちの芸的なものは、すべてといっていいほど、このクリッカー・トレーニングの手法を用いて教えているのです。

クリッカー・トレーニングを経験している犬は、

「クリッカーを飼い主に鳴らさせるには、何をしたらいいのか」

と考えるようになります。

犬からすれば、クリッカー・トレーニングは、飼い主にクリッカーを鳴らさせるゲームのようなもの、といえるのです。

「こうですか？　それともこうですか？」

と犬は、様々な行動を自発的に見せるようになります。

あの時、壇上に上がったプーはクリッカーの音を耳にして、

「あ、あのゲームですね」

と思ったのでしょう。

クリッカー・トレーニングの中に、ターゲット・スティック・タッチ・トレーニングと呼ばれるものがあります。

たとえば、後ろ手に隠していたスティックの先端を、犬の視界の中に、それもちょっと鼻を伸ばせば鼻タッチができる位置に出します。犬は見知らぬ何かが視界に入ると、それが何者かを確認するために、匂いを嗅ごうと鼻を近づけてきます。最初は、この行動の頻度を高めるのです。

スティックの先端に鼻をつけたら、クリッカーを鳴らす。

これを繰り返していると、犬は鼻をつけようとして、そのスティックの先端を追いかけてくるようになります。すなわち、犬の鼻先の向きを、スティックの動きで、コントロールで

きることとなるのです。

犬の鼻先を上に向けるようにコントロールすれば、犬をオスワリに導けます。犬オスワリの姿勢からスティックの先端を地面に接するように動かすとフセに導けます。犬をスピンさせることも、ジャンプさせることも、フセからごろんと1回転させることもできるのです。

プーはそのターゲット・スティック・タッチ・トレーニングも、大好きだったのです。トレーニング用のスティックだけではなく、プーは棒状のものを目の前に出されると、鼻をつけるように体が勝手に動いてしまうようでした。

テリー先生のペンの先端に鼻をつけようとしていたのは、こうしたトレーニングを行っていたからです。テリー先生はそのことに気がついて、

「よくトレーニングできている犬」

という表現をしたのです。

プーとしては、

「今度はこれですか、これに鼻をつければいいのですか」

とトライしていたのでしょう。

「いつも何かを考えているよう」

と『いぬのきもち』の編集者にいわしめたのも、このクリッカー・トレーニングを、プーと楽しんでいたからなのかも知れません。

芸を教える

「芸としつけは別ものですよ」

私は生徒さんに、そうお伝えしています。

オスワリができても、それが餌の入った食器を目の前にした時だけでは、単なる芸に過ぎません。フセもオアズケも然りです。

しつけとは、犬、飼い主家族、周囲、それぞれが、日常生活を安全に、快適に、ストレス少なく過ごすために必要な、教えるべき諸々の事柄です。

日常生活でオスワリが必要な場面は、どんな時でしょう。

交差点での信号待ち、玄関の出入り、排泄物を拾う時、興奮を静めたい時、などなど。多くはマテとセットで使うことになります。

交差点で犬がじっとせず、うろちょろしていることは危険でもあります。まわりの人にも迷惑がかかるかも知れません。オスワリ・マテができるということは、その状況で落ち着いていられるということでもあります。

どこでもオスワリができるようにするためには、人間社会の様々な刺激に慣らす必要もあります。

フセも同じです。餌の入った食器を目の前にしていれば、家のなかであれば、といった特定の条件でのみできるのでは、意味がありません。

いつでもどこでも、必要な時にその行動ができるかどうかが、重要なのです。

それは地道な努力の積み重ねでしか、獲得できないことなのです。

地味で時間がかかる、しつけとはそういうものなのです。

一方、芸は違います。日常生活には無関係でもかまいません。特定の条件でできるだけでも、十分です。

なんと、

「わぁ、すごいすごい」

と、周囲から注目をあびることもできます。

交差点で信号待ちの間、オスワリができたとしても、誰からも賞賛の声をかけられることはありません。

結果がすぐに見えて、みんなから羨望の目で見られる。芸とはそういった類《たぐ》いのものなのです。

ただ、芸もしつけも、行動や動作を教えるという視点からいえば、その教え方に違いがあるわけではありません。

問題は、同じ時間を費やすなら結果がすぐに見えて、みんなから羨望の目で見られる芸の方に、つい力を注いでしまう飼い主が出てくることです。

犬のトレーニングに費やせる時間は、それほど多くありません。その少ない時間の中で、芸を教えることにかける時間が多くなれば、しつけにかける時間は必然的に少なくなっていってしまいます。

飼い主だけではありません。トレーナーやインストラクターを目指している人や、実際にプロとして活動している人の中にも、そうした人がいるのです。

そうならないように、と釘を刺すのが、

「しつけと芸は別物ですよ」

というアドバイスなのです。

ゴールがあるかないか、という点も、芸としつけは異なります。

しつけで教えていく内容には、ある意味ゴールがあります。

いつでもどこでも必要な時に好ましい行動が取れるようになると、しつけのためのトレーニングの時間は必要なくなります。

一方芸を教えることに、ゴールはありません。次から次へと、新しい芸を教えつづけることは可能です。

「いつでもどこでも必要な時に好ましい行動が取れるようになったたら、その先は、芸を教えることも重要ですよ」

しつけのゴールを迎えて以降の飼い主たちには、実はそうもアドバイスしています。

なぜかといえば、教えることがなくなるということは、コミュニケーションの時間が少なくなることを意味します。人間の子どもとお母さんとの関係でいえば、子どもが小さい時ほどお母さんは子どもにいろいろなことを教えます。そのために、親子間のコミュニケーションの時間は濃いのです。ところが成長するに連れお母さんが教えることがなくなり、コミュニケーションの時間も少なくなっていきます。

それと同じことが、犬と飼い主の間にも起きていきます。犬と飼い主との関係においては、しつけ面で教えることがなくなってもあえてコミュニケーションの時間を作り出すために、積極的に何かを教え続ける必要がある。その何かのひとつが、芸ということです。

脳の活性化のためにも、新しい何かを学ばせることは重要です。人間でも、新しいことを学びつづけている人は、若々しいといいます。犬も同じです。新しい何かを学ばせることが、犬の脳のアンチエイジングに役立ちます。

私の場合は、プーが6歳を迎える頃に、しつけ面では教えることは何もなくなってしまっていることに気がつきました。そこでそれ以降、毎年最低でも2種類以上の芸をプーに教えることを自らに課しました。

「バック」

というと後ずさりする。

「オジギ」

というとお尻はあげたままで前足の両ひじを地面につける姿勢を取る、などなど。プーが6歳以降に身につけた芸は、少なくありません。

4

若返ったプー

どこも貸してくれない

プーが8歳を迎えようという頃に、我が家では一大プロジェクトが進められていました。家の建て替えが行われていたのです。コンセプトは「ペット共生住宅」。新しい土地に新しい家を建てるだけなら、家作りは実に楽しいものでしょう。ところが、建て替えの場合は楽しいばかりではありません。面倒でやりたくないことが、そこにはもれなく付いてきます。

その面倒なこととは何でしょうか?

それは引っ越しです。

当たり前の話ですが、建て替えの場合は、今ある建物を壊し、一旦更地にして、そこに新しい家を建てていきます。建て壊しから新しい家の完成までは、引っ越しをして別の場所に住まないといけません。

引っ越しは、取り壊す家から仮住まいの家へ、仮住まいの家から新しい家へと、2回行うことになります。

「子どもの春休み中に新しい家に引っ越したいのですが」

建築プランを詰めていく中で、完成のおおよその希望を建築家に伝えました。2004年7月末の話です。

「建設に必要な時間を考えて逆算していくと、取り壊しは9月中に済ませないといけませんね」

私たちの仮住まいへの引っ越しが済んでいなければ、取り壊しはできません。1回目の引っ越しは9月半ばまでに済ませないとなりません。

仮住まいをどこにするかが決まっていなければ、引っ越しはできません。予想していたことですが、この仮住まい探しは困難を極めました。

問題はペットの数です。

当時私の家には、プーとチビコの他に、脳梗塞でたおれた母親から託されたマルチーズのマーちゃんがいました。中型犬1匹、小型犬1匹、猫1匹を受け入れてくれる賃貸物件は、そうあるものではありません。

当初は妻に、仮住まい探しを任せていました。

子どもたちを転校させるわけにはいきません。今行っている学校に通える範囲という条件も加わります。

地元のことは地元で、ということで地元の不動産屋さんに妻は出向きました。

「ペット可というのも普通は1匹だからねぇ。それが、3匹じゃねぇ」

面倒くさそうに返ってくる言葉は、こんなところだそうです。面倒な話など大家さんにはしたくない。そうしたオーラが出まくっていたそうです。

「犬猫各1匹の計2匹ということで、まずはあたってみたらどうだろうか」

2匹だったら、不動産屋さんも物件探しに、今よりは協力的になってくれるかも知れません。大家さんと直接交渉ができるくらいに話が進めば、そこからは私が説得できるであろうと考えました。

マルチーズのマーちゃんは20歳になっていました。大人しい犬で吠えることはありません。家を傷めることもないし、周囲に迷惑をかけるようなこともありません。それどころか、周囲はその存在にすら気づくことはないと思います。

こうした犬なら、1匹増えても問題なしと、納得してもらえる自信があったのです。

ペット2匹という条件で、あらためて別の不動産さんに相談に行くと、ペット可物件のリストをあげてくれるというところまで、話は進展しました。

しかし、気に入った物件の紹介をお願いすると、

「2匹でもいいかどうか、大家さんに相談してみます。返事は後日で」

ということになります。

残念ながら、返事はすべてNGでした。

仮住まいが見つからなければ、いつまで経っても建て替えはできません。これには、困り果てました。

仕方がないので私はダメ元で、ある試みをしました。

「売り地として出ている物件なんですが……」

自宅の前の道を、160メートルほど南に進んだところに、旧家を取り壊さずに残したまま、売り地として出されていた物件があったのです。看板に記されている連絡先に、電話を入れてみました。

「家がまだ建っていて住めるみたいなんですが、貸してくれませんか？」

私は建て替える期間の仮住まいとして借りたい、ペットがいる、などの事情を説明しました。

「えーと、あ、西野川の家ですね。あそこなら貸せますよ」

話を聞くと、そもそもは貸家だったそうで、そろそろ建て替えが必要な古い建物だけど、融資まで受けて建て替える気は大家さんにない。大家さんは、現状でまだ借りたい人がいれば貸してもいいし、買いたい人が出てくれば古家ありの土地として売ってしまいたい。そんな物件ということでした。

「ペットに関しては、大家さんに聞いてみます」

私は祈るような気持ちで返事を待ちました。

結果は、ＯＫということでした。

家から歩いて2～3分の距離です。引っ越しも、大きなものだけ業者に頼み、他は自分たちで運びました。

紆余曲折あった仮住まい探しですが、こうして最後は願ってもない物件を見つけることができたのです。

いなくなったプー

「プーがいないんだ」

家のあった場所が更地になって、しばらくしてからのことです。

仮住まいに引っ越す前は、プーは私と仕事から戻ると、駐車スペースから建物北側と東側の通路を抜け、ウッドデッキまで行くのが日課でした。プーはウッドデッキで自由な時間をしばらく過ごしたのち、リビングに上がってきます。

寝る前の排泄を済ませるため、私は床につく前にプーをもう一度、リビングからウッドデッキに出していました。

仮住まい先にはウッドデッキはありませんでしたが、狭い庭がありました。

仮住まいの庭は駐車スペースの地面から、1メートルほどの高さにありました。プーは駐車スペースから庭へジャンプして上がることはできませんでした。庭へはその段差を私が抱き上げて、上らせていました。

段差をジャンプして庭に上がることができないプーでしたが、庭から駐車スペースへ飛び下りることはできました。

私はふらりとプーがどこかへ行ってしまうのも困るので、庭と駐車スペースの境に簡易的なフェンスを張り巡らせました。駐車スペースから庭への行き来もできるように、フェンスには扉も設けました。

仮住まいでは、仕事から戻るとプーを車のワゴンスペースから私が胸に抱き、そのまま駐車スペースのフェンスの扉部分に向かい、そこからプーを庭へと上らせるのが日課となっていました。

私は玄関から家に入り、縁側から庭に下りてプーの水を替えてあげ、しばらくしてからプーをリビングに上げていました。

以前と同様に、私が床につく前には寝る前の排泄を済ませるために、私はプーを庭に出していました。

プーを庭に出している間に、私は歯みがきなどの寝るための準備を済ませます。それから
プーをリビングに戻します。

その日もそれまで通り、プーを庭に出している間に歯みがきを済ませました。そして、プ
ーをリビングに戻そうとサッシを開けました。

「プー」

声をかければ、プーは姿を見せます。

「プー」

再度声をかけましたが、プーは姿を見せません。私は庭に下りました。

狭い庭です。プーがいなくなっていることが、すぐにわかりました。

「あ、ここをすり抜けたんだ」

隣の家との塀とフェンスの端との間に、15センチほどの隙間ができていました。フェンス
を押すと少したわみます。プーはそこをすり抜けていったようです。

私はすぐに玄関に回り、表に出てプーを探しました。

「プー……プー」

家のまわりを必死になって探しました。更地になっている元の家の場所にも行ってみまし

た。でも見つかりません。

ひょっとすると、すでに仮住まいの家に戻っているのかもしれません。淡い期待を胸に、仮住まいの家に戻りましたが、やはりプーはいませんでした。

「プーがいないんだ」

私は、一度家に上がり、ふとんの中でうとうとしている妻を起こし、事態を伝えました。

「え、ウソ⁉」

再度妻と手分けをして、プーを探しに出ました。

心配なのは交通事故です。今度は少し遠くまで探せるように、自転車で付近を回りました。それでもやはり、プーを見つけることはできませんでした。

半ば諦め家に戻ると、妻が先に戻ってきていました。

「いた？」

私は首を横に振りました。

「警察に届けを出したら？」

「いやもう一度探してくる」

私は再度、更地になった家の場所に、戻ってみました。

「プー……プー……」

かつてウッドデッキのあった場所で声をかけましたが、やはりプーは姿を見せません。

「やっぱりいないか」

私は交番に届け出ることを、決心しました。

その時です。

チャラ、チャラ、チャラ

鑑札が揺れる音が、道路方向から聞こえてきたのです。

「プー！」

プーは道路から更地に入って、私の元へと一目散にやってきました。私はプーを抱きしめました。プーは何事もなかったかのように、シッポを振っています。

「心配かけやがって」

私は目頭が熱くなりました。

「見つかったよ！」

玄関でそう叫ぶと、妻がリビングからかけてきました。

「良かったね、良かったね」

妻の目も真っ赤になっていました。

「キャン」と一声上げて

仮住まいの駐車スペースは狭く、南側は隣家の塀、西側と北側は庭で1メートルの段差が立ち上がっていました。東側が道路と面しているのですが、間口は2メートルほどしかありませんでした。

奥行きも余裕がなく、道路にはみださないように駐車すると、車の後部のワゴンスペースの扉は開けられなくなりました。

プーを車に乗せる際は一旦、車を道路に出します。家の脇に駐車し、プーがリビングにいれば、玄関からプーを表に出して車に乗せます。プーが庭にいる時は、開閉ができるフェンスの部分から1メートルの段差をジャンプさせて下ろし、それから車に乗せていました。

この庭から駐車スペースへの飛び下り、それがいけなかったようです。

ある時、プーを庭から駐車スペースへと飛び下りさせた時のことです。

「キャン！」

プーは一声悲鳴を上げ、その場で動かなくなってしまいました。1メートルの段差を飛び下りた際のショックが、プーの肉体に悲鳴を上げさせたようでした。

私は外出を一旦取りやめ、プーを胸に抱きかかえ、リビングへと戻りプーを休ませました。膝を痛めたのか、それとも股関節か、あるいは腰か。体に触れ、痛がる場所を探しました。しかし、どこを痛めたのかわかりません。

プーは、8歳半になっていました。若いとはいえない年齢でした。アジソン病ということで運動も控え気味でした。筋肉も細り、肉体の方は年齢以上に、衰えていたのでしょう。私は、1メートルの段差を飛び下りさせていたことを後悔しました。

最悪のケースを想像しました。

それは椎間板ヘルニアです。下半身不随に至ることもあります。

獣医師に連絡を入れ、動物病院へと連れていきました。

状況を聞き取り、触診を終えると獣医師は一つの可能性を口にしました。

「変形性脊椎症だと思います」

聞いたことのない病名でした。

「レントゲンを撮りましょう」

私は診察室の外で待つように指示されました。

再度診察室に入るよう促され部屋に入ると、レントゲンフィルムを確認するためのビュアーに、プーの背骨の写真が写し出されていました。

「これが脊椎で、脊椎と脊椎の間の空間、これが椎間板です」

椎間板はレントゲンに写し出されていないのですが、背骨は一定間隔できれいに並んでいるように見えました。

「おそらくこのレントゲンから見て、ヘルニアの心配はないでしょう」

「では先ほどの……」

「そうです。この背骨の下側に棘のようなものが見えるでしょう」

レントゲンはプーの背骨を横から写し出しています。横から見た背骨の一つ一つは四角形に見えます。四角形の底辺の左右の角から、左は左下方向に、右は右下方向にうっすらと棘《とげ》のように伸びている影が見えました。

そしてその影は、右下に伸びたものは、右隣に並ぶ背骨の底辺左角から左下方向に伸びた影と先端がくっつき、アーチを描いていることが確認できました。

「この影は骨の一部です」

獣医師は、変形性脊椎症について説明をしてくれました。

人間と違い、犬は内臓が背骨にぶら下がっているような作りです。老化に伴い、背筋や腹筋が弱くなり、どうしても背骨がたわんでくる。そのたわみを補おうとして。骨が勝手に自ら棘のような骨を伸ばして、隣の骨とアーチを作る。

「アーチは関節があるわけではないので、何らかの力が加わるとポキッと折れます」

棘、アーチも骨の一部です。それが折れるわけですから、小さな骨折が起きているのと同じ。炎症が周囲に起き、痛みが生じることになる。

「手術で治すことになるのですか？」

「原因は老化です。手術で棘の部分をなくしても、またできます」

7歳を超えた犬をレントゲンで確認すると、かなりの確率でこの棘が確認できるそうです。治療は安静にして、ステロイドや消炎鎮痛剤を与える。多くは1週間〜10日間ほどで痛みがなくなり、普通に動けるようになる、という話でした。

果たしてプーはどうだったか。

獣医師が話したように、1週間ほどで通常の生活に戻れるようになりました。ただ、棘がなくなったわけではありません。単純に折れた部分の周囲の炎症がおさまったにすぎません。やがてアーチが再形成され、何かの拍子にまた、折れることになります。

これといった予防薬もないということでした。注意すべきことは、背骨に変な力が加わらないようにすることと、効果が期待できるサプリメントを与えることです。

以降、庭から駐車スペースへのジャンプはもちろん、車から飛び降りさせることも、一切やめました。

車の乗り降りのためにはスロープを作りました。変形性脊椎症に効果があるという、ミドリイ貝のサプリメントも与えることにしました。

フロリネフに加え、プーにサプリメントの錠剤を与えることが、新しい日課となったのです。

貧血再発

変形性脊椎症の痛みがなくなり、いつもの生活に戻ったプーですが、ふた月ほどすると、また調子が悪くなりました。

朝、起き上がろうとすると、ふらついたのです。

「大丈夫か？　プー」

痛みがある時の動きとは違います。

「プー、また里帰りだな」

いつものように、いつもの病院に向かいました。

プーの原風景がそこにあるのかも知れません。保護されていた期間に、病院のスタッフから可愛がられていたことが記憶に残っているのでしょう。アジソン病に倒れる前は病院に立ち寄ると、それこそ里帰りしてきた家族が迎えられるように、スタッフに大歓迎されていたということも覚えていたのでしょう。

保護された当時のスタッフは、いつしか誰もいなくなっていましたが、それでもプーは、この動物病院が大好きでした。

病院の駐車場に降ろすだけで、体調がいい時は、

「今日は病院ですね、やったぁ」

とでもいいたげに、シッポを上げ大きくゆっくりとそれを振ったものです。

「病院が大好き」

頻繁に動物病院のお世話になったプーですが、それは何よりも救いのように感じます。

「さて、どこから採血しようか」

プーは点滴のために、頻繁に針を静脈に入れたままの状態にされていました。回数を重ねるごとに、静脈の上の皮膚は固くなります。針を入れたままにされていた静脈はつぶれ、やがて針を同じ静脈に刺すことが難しくなっていきます。

プーの前足の静脈は、左右両脚とも針を入れすぎていました。

最近はもっぱら、後ろ足の静脈から採血がなされていました。

「今日は胸から採りましょうか」

「えっ胸から？」

「正確には、首の頸静脈からです」

胸からの採血も、プーは大人しくさせてくれました。

「貧血を起こしていますね」

6年ぶりの貧血でした。

「前回よりも良くないですね」

前回同様、造血ホルモンのエリスロポエチンを投与することになりました。1週間後に再度検査するということで、その日は病院を後にしました。

「前回よりも良くない」

獣医師のこの言葉が気になりましたが、今回もきっと一時的なものだろうと思っていました。しかし、1週間後の検査でも貧血が認められ、再度エリスロポエチンを投与することとなりました。

でもその1週間後の検査では、うれしいことに貧血は認められませんでした。

「よかったな、プー」

私の安堵の表情をよそに獣医師は、

「楽観は禁物ですよ、1週間後に再検査しますので」

と口を開き、これからの説明をはじめました。

持病のアジソン病と年齢的なことを考えると、今後、貧血になる頻度が増えるかもしれない。豚由来の原料を用いているためか、犬に投与した場合、エリスロポエチンに対する耐性ができてきて、次第に効果がなくなってくる可能性もある。

「効かなくなってきたら、どうするんですか？」

「輸血をしていくことになるでしょう」

アジソン病を発症してから、ちょうど7年を経過していました。アジソン病の発症からの平均余命は7年ということ。プーはちょうど、その平均余命を迎えている計算になります。

「治ったよな、プー。もう大丈夫だよな」

私は病院からの帰り道、ワゴンスペースのクレートで丸くなっているはずのプーに、運転席から語りかけました。今までも体調を崩したことは何回もありました。でも、プーはその都度、元気な姿を取り戻してくれていました。

今回も元気になっている。1週間後の検査も問題ない。私は自分にそういい聞かせました。

次の検査までの1週間、プーの体調は崩れませんでした。

検査の日がやってきました。

「貧血は出ていないですね」

血液検査の結果は良好でした。

ぴんと張っていた緊張の糸が、ふっとゆるくなったのを感じました。安堵の表情が見て取れたのでしょう、獣医師が続けます。

「前回もお話ししましたが、楽観はできませんよ」

「わかっています」

私は、今後貧血の頻度が増えていくのだろうな、と覚悟をしていました。

でも、その予想は、幸いにも裏切られることとなります。プーはその後、二度とエリスロポエチンのお世話になることはなかったのです。

ドッグドアへの慣らし

「ちょっと慣らしておかないとな」

新居の完成がいよいよ間近に迫っていました。

なんの慣らしをするかというと、ドッグドアの出入りに対する慣らしです。

ドッグドアは、向こう側が見えない世界へ、鼻先から飛び込んでいくようなものです。ものによっては警戒して、固まってしまうプーです。引っ越し前に、慣らしておこうと考えたのです。

ドッグドアはすでに、完成間近の新居のペットルームの扉につけられていました。

私はそのドッグドアの寸法、床からの高さなどを測りました。そしてその寸法に合わせ段ボール製ドッグドアを作り、床からの高さを同じにして、そこをくぐらせるトレーニングをしたのです。

まずは扉を開けた状態で、そこを通り抜ける練習です。

位置はプーが通り抜けやすそうな高さからはじめます。段ボール製の扉を立て、プーを扉の向こうに座らせて、フードで誘って扉の反対側へと通り抜けさせます。

「グッド！」

フードをあげ、私はプーをほめちぎりました。

次は扉の隙間からフードを握った手を見せ、プーが扉を鼻で押してくる練習をしました。

「天才！」

これも難なくクリア。

さらには、扉を開けた状態で、フードを扉の向こう側に置くところを見せてから、扉を閉めます。誘うのではなくプーが自ら鼻で扉を押して通り抜けてくるのを待ちます。

「おりこう！」

問題なく、これもクリアできました。ここからは、合図をつけていきます。プーが鼻で押すために扉に近づいたら、

「出て」

という言葉がけをします。

動物は、先行刺激↓行動↓報酬、というパターンを繰り返していると、先行刺激に反応して、その行動を起こすようになります。三項随伴性またはＡＢＣ理論と呼ばれる、学習の心理学で確立されている理論です。

犬のトレーニングの場合、先行刺激とは、言葉による合図とか、手の動きなどのボディランゲージとかが、それにあたります。

ドッグドアのトレーニングにおいては、「出て」という言葉がけが「先行刺激」、「扉を鼻で押して通り抜ける」のが「行動」、「フード」が「報酬」ということになります。

すなわち、この練習を繰り返していると、プーは「出て」と声がけすると「扉を鼻で押して通り抜ける」という行動を示すようになるのです。

トレーニングはまだまだおしまいではありません。

次の段階は、フードを見せることなく扉を閉めた状態から「出て」と声をかけ、扉を鼻で押して通り抜けたらフードを与えるようにします。

後は、高さを実際の扉の高さに合わせていくだけです。

トレーニングの甲斐あって、新居に引っ越してからプーは、ドッグドアの出入りをすぐに理解しました。

「プーは喜んでくれるかな？」

気がかりなこともありました。

それは、ウッドデッキがタイル敷きのデッキスペースに変わっていたことです。

ベタ基礎という工法により縁の下をなくしました。それによりリビングの天井が高く設定でき、広々とした空間が確保できました。ただ縁の下がないということは、リビングと庭が同じ高さになることを意味します。

ウッドデッキを作るには、ウッドデッキの基礎、土台の部分が必要となります。すなわち、ウッドデッキを作るとすると、リビングの床面よりも高い位置にウッドデッキができてしまうという、極めて妙な作りになってしまうのです。

建築家からはタイル敷きのデッキにすれば、ウッドデッキ同様の機能が得られるという説明がありました。タイル敷きの方が、衛生的にも優れ、メンテナンスも楽になります。タイル敷きなら、腐ることもありませんし、ペンキ塗りの作業も必要ありません。

新居への引っ越しは、当初の予定通り子どもたちの春休み中、4月の頭に行うことができました。

プーは9歳を迎えていました。

良い季節だったことも功を奏したのでしょう。プーは新しいデッキの上でのひなたぼっこが、気に入ったようでした。

ドッグドアからいつでも室内に入ってこられるのに、プーはリビングから見えるタイル敷きのデッキスペースで、いつも日にあたっていました。

ドッグドアからペットルームに入ってきたら、そこで足を拭きリビングを自由にさせる。

リノリウムにペット用ワックスを塗った床も快適でした。

イメージ通りのペット共生住宅が完成しました。

今では築10年超という建物になってしまいましたが、完成直後は雑誌やテレビにも紹介されました。

プーの写真が裏表紙に掲載されている住宅雑誌。今ではこれも私の宝物のひとつになっています。

ダップが来た

「雑種の子犬が保護されたら教えてください」

プーが6歳を迎えた頃から、私はプーの跡継ぎを探しはじめました。

跡継ぎというのは、デモンストレーションをしてくれる、パートナードッグの2代目のことです。アジソン病は突然死もある疾患です。プーの身にいつ何が起きるかもわかりません。加えて、高齢になってから子犬が来ると、子犬にじゃれつかれて先住犬がかわいそうなこともあります。そういった理由で、プーが6歳になった頃から、パピーを迎えようと考えていたのです。

百貨店のショップでは、犬の販売をすでに取り止めていました。

将来問題行動を起こす可能性が少ない、生後50〜60日齢まで親兄弟の元で過ごした子犬。インストラクターの立場としてはそうした犬を譲渡したいのですが、残念ながら当時は法律的な縛りもなく、40日前後でショップに売り渡されるのが一般的でした。生後50〜60日齢まで親元にいた犬を販売しようにも、それができなかったのです。

とはいえブリーダーなどとのやりとりはまだ可能でした。細かいことをいわなければ、子犬を手に入れることは難しくありません。しかしプーを飼いはじめた時と同様、私は飼うなら雑種、できることなら保護犬、と考えていたのです。

まずはプーの実家ともいえる、動物病院の獣医師にお願いしました。

「プーくんの頃とは違って、都内で子犬が保護されることは、今はまずないですよ」

プーが6歳を迎えたのは2002年です。翌年2003年には、全国的な調査でも室内犬の数が外で飼われている犬の数を上回ります。

全国調査でそうなのですから、都内での外飼いはさらに少なくなっていたことでしょう。まして放し飼いをしている犬はもう、ほとんどいなかったはずです。

プーの跡継ぎ探しをのんびりとしているうちに、1年が過ぎてしまいました。家の建て替えの話が出始め、その後しばらくは新しい犬を迎えるどころではなくなり、気がつけばさらに2年が経過していました。

「なんだ、俺が引き取ったのに」

新居にも慣れた5月の中頃、2年前から請け負っている専門学校の講師の仕事に出向いた時の話です。朝、実習着に着替えるためにロッカールームに入ると、黒い2カ月齢前後の子犬が、そこにいました。

スタッフに話を聞くと、トリミング講師のK先生から、ミニチュアプードルとミニチュアダックスのミックス犬を誰かもらってくれないかという話があったとのことで、スタッフのY君が譲り受けたということでした。

今でこそ純血種同士のミックスは高値で販売されていたりしますが、実際のところは単なる雑種です。かつては、無料で譲渡されたものなのです。

話をしてくれたら私がもらい受けたのに、と冗談交じりにY君に話すと、

「もう1匹、兄弟犬が残ってますよ」

という言葉が返ってきました。

私はすぐさまK先生のところに行き、譲ってくれないかと申し出ました。

「なら、来週連れてくるわ」

縁というのは不思議なものです。見つかる時には、あっという間です。保護犬でなく、そして素性のわからない雑種ではないけれど、私はこの犬をプーの跡継ぎにすることと決めたのです。

ダックスとプードルのミックスなので、ダップと名づけました。安易な名前と思われるかも知れませんが、これも100以上の名前の候補を書き出し、そこからチョイスした名前です。

ダップはやんちゃな犬でした。

1週間もして新しい環境に慣れてくると、プーのおもちゃを奪おうとしはじめたのです。

「無礼者！」

ダップは2キロありません。プーは16キロあります。

ダップの勝手な振る舞いに、プーは怒ります。怒られたダップは、

「これはまずいな」

とやんちゃな行為をやめます。時にはお腹を見せることもありました。

しかし、そんな関係が続いたのはほんの2カ月ほどでした。

ダップが生後4カ月齢を迎える頃から、プーに怒られても意に介せず、という態度をダップは取りはじめたのです。

「しかたがないな」

そうとでもいいたげに、プーはダップにいろいろと譲るようになっていきました。

ダップとプーに同じおもちゃを与えたとしても、同じようにガムを与えたとしても、ダップが奪って、自分で2個とも抱え込んでしまうのです。

ダップは4キロ程度に成長していましたが、それでもプーの4分の1の大きさにすぎません。

「犬の強さというのは、大きさに関係ない」

「犬の強さは、生まれつきある程度決まっている」

後々、それはテストステロンと呼ばれる雄性ホルモンの強さに関係していて、その強さは生まれつきある程度決まっているということを、知ります。

犬同士の関係についての正しい理解、思えばそれもプーから教わったことの一つなのです。

若返ったプー

「コイツは、いつ自分ちに帰るんだ」

ダップがやってきた当初は、おそらくプーはそう思っていたことでしょう。ストレスを感じてもいたでしょう。

私、妻、長男、次男、そしてチビコというメンバーで、安定していた日々に、プーにしてみればいきなりよそ者が入り込んできたのです。

人間の家族の方は、ダップが新しい家族の一員ということを、話せば理解するわけですが、犬はそういきません。そういった意味では、チビコの心境もおそらくプーと同じだったことでしょう。

お父さんが見ず知らずの誰かを連れてきた。しかもその誰かは、なんというか乱暴者。まったりした日常が一変、気の休まらない賑やかな日々に突然変わってしまった……。

被害はチビコの方が甚大だったかもしれません。

チビコを追いかけ回すなんてことを、プーは一切しませんでしたが、ダップは違いました。ダックスフンドの猟犬としての血が騒ぐのでしょう。チビコを発見すると、猛ダッシュで向かっていくのです。チビコの方は、それまで犬に追いかけられたことなどありません。

ダップはチビコを押さえつけてしまいます。

すぐにチビコは、ダップを発見すると、逃げるようになりました。

飼いはじめてからしばらくは、ダップは2階へと続く階段を上ることができませんでした。チビコはダップに追いかけられると、階段を少し上ったところに避難するようになりました。しかし、その安全地帯もしばらくすると気の休まる場所ではなくなりました。ダップが階段を上れるようになったからです。以来、チビコの安全地帯は、2階の子どもたちの机、あるいはロフトベッドの上となりました。

被害者はまだいました。それは次男です。当時5年生だった彼も、格好の餌食になっていました。ダップがまだ階段を上れなかった時の話です。

子どもたちの寝室は2階にありました。ダップは階段を下りてくる音で、誰が現れるのかを、すぐに理解するようになりました。そして、次男が下りてくると、これもまたダッシュをして階段の下で次男を待ち構えるのです。

なんのために待ち構えているかというと、次男の足に噛みつくためです。

「ゆっくり歩く」

「噛まれそうになった時は、騒がず動きを止める」

足に甘噛みしてくる犬へのオーソドックスな対処法を、私も、妻も、長男もとることができました。しかし、次男はそれができなかったのです。

ダップにとっては、人間家族の中で次男だけが、チビコのような存在に思えたのでしょう。

リビングでの次男の唯一の安全地帯は、ソファの上でした。ダップは、ソファにも上ることができなかったのです。

階段からソファまでは4メートルほどあります。

走ってもダップにはかないません。しばらくは、おもちゃを引きずって歩くように、次男に指導しました。引っぱりっこ遊びが大好きだったダップは、次男の動く足と、引きずられて動くおもちゃが目の前にあると、おもちゃを噛みつきにいったのです。

そんなダップですが、必要なしつけのトレーニングをしていく中で、

「こいつはずっといるんだ」

「家族の一員になったんだ」

と、プーは認識していったのでしょう。ストレスの元だったダップは、やがてプーにとって、そばにいて当たり前の存在となっていきました。

ダップを身近な存在と受け入れることで、プーにも変化が見られました。

活発になっていったのです。ダップが遊びに誘い、プーがそれに答えるようになっていったのです。

「プー兄貴、遊ぼ！」

「よっしゃ、やるか！」

千葉の学校のフィールドに放すと、ダップはそこをかけずり回ります。プーはそれを見て、走りたくなるのでしょう。ダップを追いかけ、走ることが多くなっていきました。

食べる量も増えていきました。

1匹で飼われているときには、食べ残してもフードはなくなりません。後でまた食べられます。しかし、ダップと一緒にいると、食べ残したらダップに食べられてしまいます。後で食べることなどできません。それどころか、今食べている分も、とっとと食べないと横取りさせる。

人間でも、兄弟の多い家族ほど、食べものを奪いあうために、よく食べる。早く食べる、ということが起きる。それと同じです。

ダップを迎え入れてから、プーの体重は増えていきました。16キロを少し超えるぐらいだった体重が、徐々に増えていき、半年も経たないうちに18キロを超えるまでになりました。

ダップを迎えてからの1年は、プーにとってもいい意味で変化に富んだ日々だったように感じます。健康的にも問題が生じることはありませんでした。

しかし、平穏な日々はそう長くは続きませんでした。

5

さよなら、プー

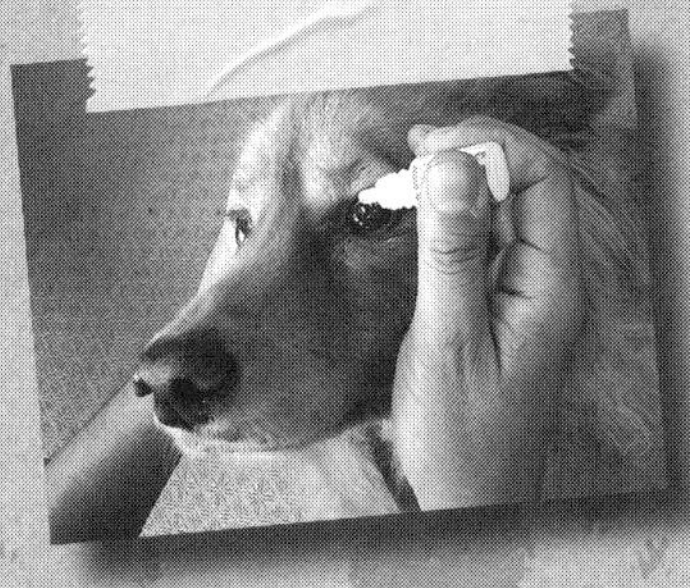

ひょっとして見えてない？

ダップを迎え入れてちょうど1年、5月の半ばのことです。プーは10歳になっていました。いつものように、成城スクールでプーとダップを自由にさせていた時のことです。私はデスクに座り、パソコン作業をしていました。

「あれ？　プーくん……目、大丈夫ですか」

その場には私以外に、スタッフが2名いました。その一人が、心配そうに口を開いたのです。

「え？　どういうこと？」

私は仕事の手を休め、尋ねました。

「いや、今そこのコーンをよけずに歩いたんで……」

ちょうど教室内には、レッスンで使用する三角コーンが置かれていました。プーは歩いている時に、三角コーンをよけずに体をぶつけていたというのです。

私はプーを呼び寄せてみました。

「いつもと変わらないんじゃない？」

プーは私の元へと、まっすぐやってきました。

視力が落ちてくる病気として可能性が高いのは、年齢的にいえば白内障です。

私はプーの眼球をのぞき込みました。

「ちょっと濁っているけど、この程度で見えないなんてないはずだよ」

プーの目には多少の白濁が見られました。年齢がいけば、白内障でなくとも眼球の白濁は確認できるものです。

私はデスクを離れ、いつもプーに水をあげている場所に行き、食器に水を注ぎました。

「プー、水だよ」

プーはいつもの水のある場所に、いつものように、なんの違和感もなくやってきました。水を飲み終わったところで、私はプーをハウスに入るよう指示してみました。ハウスは私のデスクの後ろにあります。

水が注がれた食器のある場所から、ハウスのある場所に行くには、少なくとも2回、角を曲がるような動きをしないと行けません。目が見えないなら、とても行くことはできないはず、私はそう考えました。

「プー、ハウス」

プーはいつものようにハウスに入っていきました。

「見えてないってことはないんじゃない、やっぱ」

いつもの場所へは、頭の中にできあがっているマップと匂いを頼りに、目が見えなくても行けるのかもしれません。

私は室内よりももっとはっきり確かめられると思い、プーを表に連れていきました。そして、わざとプーが見えていなければぶつかるであろうところに、コーンを置いてみました。

「ウソ！」

プーは、コーンをよけませんでした。

「見えてないんだ……」

血液検査以外で動物病院を訪れるのは、1年半ぶりでした。

「僕が見る限りでは、ぶどう膜炎のようです」

眼球はそれ全体、ぶどう膜という膜に覆われています。その膜が炎症を起こしていて、見えていないというよりも磨りガラス越しに見ているような感じになっているのではないか、という獣医師の話でした。

「薬を出しましょう」

薬で様子を見て良くならないようなら、専門医に診てもらうことにしました。

プーの目は1週間ほどで、良くなっていきました。いろいろ試しても、モノにぶつからなくなりました。

しかし、安心したのもつかの間でした。それから2週間ほど経つと、また目の状態は悪くなっていきました。

私は専門医に診てもらえるように、獣医師にお願いしました。

眼科専門のE先生は、月曜日の午後に、荻窪の病院に来ていました。

「うーん、かなり悪いみたいですね」

プーの目はその時には、かなりの白濁が見られていました。眼球全体が、薄い白い膜で覆われているかのようでした。

「網膜剝離が起きている可能性もありますね」

「この病院には限られた検査装置しかありません。国立《くにたち》にある私の病院に連れてきてください。そこでならもっと詳しい検査ができます」

私は至近で予約可能な日を、押さえてもらいました。

国立にあるE先生の病院に出向くと、そこには人間の眼科医で診るような装置がそろっていました。

「やっぱり少し剝離していますね」

「どうなるんでしょう、これから」

「網膜が完全に剥離してしまうと、そこからの回復は難しいです」

「完全に失明してしまうということですか？」

「その通りです」

ただプーの場合は、網膜が元に戻る見込みはあるということでした。

1週間は、絶対安静。点眼と飲み薬の投与を指示されました。

最後のキャンプ

悪くなっても、回復してくる。

それがいつものプーです。その期待をプーは裏切りませんでした。

「網膜剥離の方は、もう大丈夫でしょう」

1週間後に国立のE先生のところに出向くと、うれしい言葉が返ってきました。網膜の状態は良くなり、眼球の白濁も改善していました。

「もう心配ないと思います」

投薬を後1週間続け、それで問題が起きなければ、一応治ったといえるということでした。

悪くなっても、回復してくるプーでしたが、そのたびに飲ませる錠剤が増えていきました。

フロリネフに加え、変形性脊椎症のためのサプリメント、目にいいとされるサプリメントと、プーに与える錠剤は、1日に10錠ほどになりました。

私がそう呼びかけると、プーは喜んで私の元へとやってきました。それも、

「プー、薬だよ」

「プー、オイデ」

と声をかけるよりも、喜々としてやってくるのです。なぜなら、プーにとって、

「薬だよ」

の言葉がけは、チーズがもらえる合図だったからです。

小さい時からプーには、口をこじ開けられるといいことが起きる、と伝えていました。口をこじ開けては、チーズをあげていたのです。いつからか、口に手を添えると、自ら口の力を抜くようになっていました。

チーズを喉の奥に押し込んで、噛ませずに飲み込ませることもできていました。口を開いては、舌の前の方から喉の奥までと、ランダムにチーズを入れ込むことを行い、薬の時だけ喉の奥に入れるようにします。おそらく、プーは私が薬を与えても、チーズをもらっていると勘違いしていたはずです。

フロリネフを与えるようになってからは、フロリネフは喉の奥に入れ、飲み込んだら、必

ずチーズをあげていました。

「薬だよ」

の言葉がけは、１００パーセントチーズがもらえる合図。

「オイデ」

の言葉がけは、いいことばかりがその後起きるとは限らない合図、プーはそう理解していたのだと思います。

日課の薬やサプリメントの量は増えましたが、プーの生活は平穏なものに戻りました。いつもの生活に戻り、そして、いつものように夏がやってきました。

11回目のプーとの夏です。

「今年も行くぞ！」

プーの体調も良さそうなので、私は子どもたちとダップとプーとで、キャンプに出かけることにしました。

キャンプといっても、トレッキングを楽しむほどの体力は、プーにはもうないと思いました。私は、のんびりと過ごせそうなキャンプ場を探しました。

出向いたのは、北軽井沢にあるキャンプ場です。場所柄、車で少し足を延ばせば、散策できる場所にはこと欠きません。

鬼押出しにも行きました。白糸の滝にも足を運びました。

かつて、新宿西口公園の滝をこわがったプーです。白糸の滝もこわがるかもしれないと、少し心配しました。もっとも滝から落ちた水がたまっている滝壺というか池がかなり広く、滝への距離が十分あったためか、プーは滝をこわがるようなことはありませんでした。

キャンプ場内にはドッグランがありました。

朝は、プーとダップをそこで遊ばせました。ダップはかけずり回ります。体高が低いので、全身が草についた朝露で濡れてしまい、少し閉口しました。

キャンプ場内には小さな川も流れていました。ドッグランで遊ばせた後は、その川に向かいます。

プーはカナヅチでしたが、ダップは違いました。違うどころか、こちらは、プードルの血がなせる技なのか、水の中に自ら入っていき、泳ごうとするのです。初めての海でも、打ち寄せる波を乗り越え海に入っていきました。おそらく、小川にもズカズカ入っていくことでしょう。でも、すでに全身ずぶ濡れのダップです、万が一川の中に入っても、これ以上やっかいなことにはなりません。

小川は、泳げるほどの深さはありませんでしたが、予想通りダップは水の中にズカズカ入っていきました。

プーは、それを眺めているだけでした。

キャンプに出向いても夜になれば、私は一人でグラスを傾けます。自分でもなぜだかわからないのですが、キャンプにはバーボンを必ず持参していました。

もちろん、プーにすすめても、フンッ、と彼は顔を背けるだけでした。

見上げると、月がはっきりと見えました。東京で見る月と変わらないはずなのに、その大きさが何倍にも感じられました。

翌日には東京に帰ります。

「楽しかったな、プー。また来ような」

しかしプーとかわしたその約束は、ついぞ果たされることはありませんでした。

プーとの共著

季節を感じさせる虫の声、虫の音の主役が、昼のセミから夜の鈴虫へと、バトンが渡されつつありました。

7年目を迎えた百貨店のしつけ教室は、数年前から小型犬限定の室内クラスもできていました。

その頃の私は、百貨店のショップの方はスタッフに任せ、インストラクターの仕事に専念するようになっていました。

拠点を成城スクールに置き、クラスがある時のみ百貨店へ出向いていくこととしたのです。屋上のクラスにはプーもダップも連れていきました。室内のクラスにはダップのみを同伴させていました。

まもなく秋の屋上クラスが始まります。プーはここのところ、なんとなく急に年老いてきたようにも感じられました。私は、プーを同伴させるかどうか、悩んでいました。

「秋のクラスは、お留守番にするか？」

成城スクールでそんな言葉をプーにかけていた時です。

「来た来た」

1年以上費やし作り上げてきた、私の初めての著書が、出版社から送られてきたのです。

「犬は知的にしつける」

現在主流の家庭犬のしつけのトレーニング方法は、私が養成講座で学んだように、その源流は海外にあります。しかし、海外のやり方の受け売りではない、日本の家庭犬のための、科学的な理論に基づいた新しいしつけのスタイルを、私は独自に確立していました。その理論と実践を1冊の本に書き記したのです。

海外には、犬のトレーニングに関する理論書がたくさんありました。しかし、日本の犬の本はどれも手順を写真やイラストの流れで紹介するといった、実用書しかありませんでした。

「理屈がわからなければ、応用が利かない」

私の本は実用書とはかけ離れた、写真もほとんど載せない理論書のようなスタイルを貫きました。

考えてみれば、科学的な理論に基づいた、独自のスタイルを確立できたのはプーのおかげともいえます。そういった意味からいえば、この本はプーと私の共著ともいえます。

この初めての著書は、思いがけないところで、私の世界を広げてくれました。

学習の心理学の分野で著名な大学教授のN先生と、あるカンファレンスでお会いしたときのことです。

「初めまして、N先生の本で勉強させてもらっています」

自己紹介をかねて挨拶をさせてもらいました。すると、

「あなたの本は、読ませてもらいました。こちらこそ勉強になります」

といった意外な、それもうれしい返事をいただいたのです。

その数年後には、日本行動分析学会の年次大会実行委員のある先生から、年次大会での講演を依頼されました。

「なぜ私が選ばれたのですか」

そう尋ねたところ、私の著書を読んで、このように行動分析学を実践している人がいる、と学会員にぜひ紹介したい、という話でした。

プーと作り上げた初めての本は、9月の下旬から随時書店に置かれていくということでした。そして、本が書店に並びはじめるのと時を同じにして、プーの体調は徐々に悪くなっていきました。

百貨店の秋の屋上クラスへのプーの同伴は、もはや無理という状況でした。入院を余儀なくされました。

だるそうにして、立った状態で目をつぶって何かに堪えているようでした。犬の体温は、肛門で測ると38～39度が平熱とされています。プーは入院時40・5度ありました。

検査をしたところ、腹水がたまっていること、お腹が痛むようであること、心臓の力が弱くなっていることなどが、次々と明らかになっていきました。

「悪くなっても、回復してくる」

信ずれば通ず、ということなのでしょうか、10日ほど入院したところで、プーは家に戻れる状態まで、体調を再び回復させたのです。

私は、プーを家に連れ帰りました。

しかし2日後には、病院に戻ることとなります。この時のプーの様子は以前と同様に、だるそうにして、立った状態で目をつぶって何かに堪えているようでした。

でも、歩く力はまだありました。

私はこれまでのように、プーはまた回復してくれるものと信じていました。

そうした思いもむなしく、プーは入院したその翌朝、息を引きとることとなりました。

本の奥付には、初版の発行日が記されています。なんと、そこに記されている日付けの前日に、プーはその生涯を閉じたのでした。

「よく頑張ったな。もう十分だよ、プー」

たった1日、たった1日及ばなかったけど、プーは本の奥付に記されているその日までは、どうにか頑張りたいと思っていたのではないか。

私にはそう思えて仕方がありませんでした。

さよなら、プー

プシュー

処置室に入ると、病院のスタッフが膨らんだ黒い袋を、浮き袋の空気をしぼり出すように、両手でしぼませていました。

しぼんだ黒い袋は、新しい空気が送り込まれすぐに膨らみます。

プシュー

スタッフは膨らんだ袋をまたしぼませます。

こうして、自発呼吸ができないプーの肺に空気を送りつづけていたのです。

「朝からずっとやってたのですか？」

「はい、交替しながら」

感謝の気持ちでいっぱいになりました。

「ありがとうございます」

それ以上、言葉を続けることができませんでした。口を開くと涙が溢れ出るような気がしました。私は涙が頬を伝わらないようにするのが、精一杯でした。

病院からの朝の電話では、しつけ教室を終え私がかけつけるまで、どうにか人工的に呼吸を維持させてくれるという話でした。

人工呼吸というのは機械に任せるものと、私は思っていました。まさか人がかかりっきりで行っているとは……。

「プー」

私は優しくプーに語りかけました。

プーの体には、気管へのチューブ、心臓の動きをモニターするためのライン、点滴のための管など、6~7本の管やら線やらが、つながれていました。

プーは目を閉じたままです。

「痛みとか、苦しみとかはないのでしょうか」

「意識がない状態ですから、苦しみも痛みもないでしょう」

私の締めつけられるような胸の痛みが、少しだけやわらいだように感じました。

「これから、どのようになるのでしょうか」

「安楽死が一番かと」

人工呼吸を止めれば、プーは死に至ります。ただそれは、一時的な酸欠状態をプーにもたらし、意識とは別の次元でプーを苦しめることになるでしょう。

「まず、麻酔をかけ、その後、カリウムを静脈に点滴します」

血液中のカリウムの上昇は、心停止を招きます。安楽死とは、酸欠で苦しませないために、麻酔下で心停止に導くというものでした。

皮肉なものです。アジソン病の突然死を招く原因、カリウム。その上昇を抑えるためにフロリネフが欠かせなかったのです。カリウムは、私とプーにとっていわば大敵。その憎きカリウムが、最後はプーを楽にしてくれるというのです。

「わかりました。家族を呼んできます」

最後のお別れに、長男は間に合いませんでした。

私は待合室に待たせていた妻と次男に状況を説明し、処置室に戻りました。

「プー」

妻は涙をこらえきれませんでした。

「プー」

次男も声を詰まらせました。

人工的に呼吸させているからではありますが、胸は大きく膨らみ小さくなる、それを繰り返しています。まるで深呼吸をしているかのようでした。私はプーの胸をそっとなでてあげました。体は温かく、管や線がついていなければ、今にも目を開けるのではないか、今まで幾度もあったように、また元気を取り戻すのでないか、そんな気持ちにもなりました。

妻も次男も、惜しむかのようにプーの体をやさしくなでていました。

しかし、いつまでもこうしているわけにはいきません。私は、妻と次男の肩に手を置きました。

妻と次男は、プーの体から手を離し、足を引きずるように処置台から一歩離れました。

「お願いします」

獣医師は私に説明した通りの手順で、措置を進めていきました。


ピッピピッピッピッ……


心臓のモニターの音が弱く、間隔も少しずつ延びていきました。

じきにプーの心臓は動きを止めました。人工的に呼吸を維持させていた、病院スタッフの手の動きも止まりました。

「プー……」

私たち家族は、プーの名前を呼ばずにはいられませんでした。

管も線も外され、花が敷き詰められた箱に納められて、プーは狛江の家に帰ることとなりました。

「お線香を買ってくるから」

家のリビングにプーを運んだところで、妻と次男が買いものに出かけました。

私は一人になったことで、それまでこらえていたものが、堰を切ったように一気に溢れ出てくるのを感じました。

「ウォーーッ！」

私はもはや嗚咽を、こらえることができませんでした。

空になった、プー

「空に溶けていくみたいだね」

煙突から上る煙を見て、かたわらにいた妻がつぶやきました。

狛江の自宅から車で20分ほどの距離にある、深大寺の動物霊園にプーを連れてきたのは、月曜日の午前中でした。仮住まい先で亡くなった、母から託されたマルチーズのマーちゃんも、ここで荼毘《だび》に付されました。

火葬の方法にはいくつかあり、マーちゃんの時は合同火葬でしたが、プーには立ち会い火葬をお願いしました。立ち会い火葬は、人間の火葬と同じようにことが進みます。個別に焼かれ、骨は骨壺に納められます。

「え？　こんなに大きいのですか？」

プーのサイズとして紹介された骨壺が、人間のそれとそれほど変わらない大きさをしていたので、おもわず私は驚きの声を上げてしまいました。

話では、人間と同じ温度で火入れすると、骨がそれほど残らないので低い温度で焼き、人間のそれと同じような嵩《かさ》に骨を残すそうです。そのため骨壺は見せてもらったサイズになるということでした。

人間同様、最後のお別れは、火葬炉の前で行われました。

「プー、じゃあな」

私は、火葬炉の前に延びているスライドテーブルの上に横たわるプーに、そっと手を置きました。妻はプーのまわりに置かれていた花の位置を変えていきました。涙をこらえているのがわかりました。

テーブルがスライドし、プーは火葬炉の中へと静かに入っていきました。

ガチャ
火葬炉の扉が閉められました。

火入れが終わったら、待合所に知らせに来てくれるという話でした。

「お願いします」

私と妻はしばらく続けていた合掌をやめ、係の人に頭を深く下げ、火葬炉の前を後にしました。

私と妻は、霊園に眠っているマルチーズのマーちゃんのお参りを、済ますこととしました。その後、待合所に向かったのですが、手持ちぶさたということもあり、すぐに待合所を出て散歩を少しすることにしました。

木漏れ日がキラキラと輝き、10月だというのに夏の残り香が一瞬私の鼻腔を通り抜けました。

「あ、煙」

妻が火葬場のあたりに立ち上る煙を指差しました。

今では環境への配慮から、煙が出ない最新のシステムに変わっているそうですが、当時は火葬場から立ち上る煙をしっかりと目にすることができたのです。

煙は青く晴れ渡った空に、吸い込まれるように消えていきます。

「プーは空になるんだな、きっと」

私と妻は、しばらくその煙を見ていました。

立ち上《のぼ》っていた煙は、やがて細くなり、ついに絶えることとなりました。

「終わったみたいだね」

私と妻は、控え室に戻りました。まもなく係の人が現れました。

火葬炉に向かうと係の人が、火葬炉の扉を開け、プーが横たわっていたはずの、スライドテーブルを手前に引き出しました。

先ほどまでのプーは、もうそこにはいません。

そこにいたのはプーの焼かれた骨でした。

「これが、頭の骨です。これがのど仏……」

人間の葬儀と同じように、どこの骨かを係の人が教えてくれます。

私と妻は、骨を拾う箸をそれぞれ持ち、足の方の骨からプーの骨壺にひとつひとつ入れていきました。大きな骨を納めた後は係の人が、残りの骨を骨壺へと入れていきます。最後にのど仏と頭の骨を納めました。

骨壺に蓋を乗せ、木の骨箱に入れ、骨壺カバーをかぶせ全体を白い風呂敷で包んでくれました。それを胸に抱いた姿を見た人は、まさか犬の骨箱とは思わないことでしょう。

家に戻り、骨壺カバーで覆われた骨箱をリビングのカウンターの上に置き、雑誌『いぬのきもち』の編集チームから送られてきた献花をそばに供えました。

骨箱の前に線香立てを用意し、私と妻は線香に火をともしました。

数日後、『いぬのきもち』の編集チームから、プーとの最後のプロフィール写真を引き伸ばし、フレーム処理されたパネルが届きました。

「ちょうどいい、ここに置こう」

私は、骨箱の脇にパネルを立てかけました。

「やだぁ」

パネルを見た妻が声を上げました。

「何が？」

「亡くなったのが誰か、わかんないじゃない」

妻は笑っています。

「確かに、ははは」

それは、私の遺骨の脇に私の遺影が置かれているように見えたのでした。

窓を開けると、10月だというのに夏を思い出させるような風が、頬をひとなでしていきました。空はその日も、青く晴れ渡っていました。

エピローグ

プーの夢を見ました。

どこかの市場なのでしょうか、人がいっぱい行き来しています。

屋外なのか建物の中なのか。目に映る景色は、黄色い日差しの下にいるようです。おそらく外なのでしょう。空を見上げることはしませんでしたが、日差しの感じから晴れていることは確かです……。

日本なのかどうかもわかりません。映画『インディ・ジョーンズ』で見るトルコの町のような雰囲気も漂わせています。

行き交う人々の顔はまったくわかりません。見えているはずなのに、わからないのです。

雑踏の中を歩いていると、プーが体の側面を見せ、顔だけ私の方向に向けて立っていました。

「プー、なんでこんなところにいるんだ」

私はプーにかけより、膝をつきプーの胴体に左手を回し、右手で胸をやさしくなでおろしました。

「こんなところに一人で来て、事故にでもあったらどうするんだ」

回した手の感じからプーはすでに大人の大きさでした。でも毛の生え方は、成長期の一時期、キツネに間違えられたあの時のようでした。

「帰ろう、な、プー」

私は立ち上がり、プーの首輪に手をかけ、やってきた方向に戻っていきます。

人の波は私とプーのいく方向とは逆に流れていきます。

人とぶつからないように、右によけ、左によけ、ときには立ち止まり……。

私はプーが怪我をしないようにと、抱きかかえました。かつて、プーが野川で急に動かなくなり、家に戻る際に抱き上げた、あの子鹿を胸にかかえるように、です。

市場を抜けたのでしょうか。人の波が途切れました。

それまでの喧騒が嘘のような、静寂した空気が、私たちを包み込みました。

私は雲ひとつない青空が広がる砂漠の真ん中に、たった一人でたたずんでいました。

胸に抱かれていたはずのプーの姿は、もうそこにはありませんでした。

夢の記憶はそこまでです。その後プーと私がどうなったのかは、わかりません。

この夢は、ちょうどこのエピローグを書く前日の夜に、私が実際に見た夢です。

今日まで、プーの物語は、約半年間、記憶の糸をたぐり寄せ少しずつ書き進める形で行ってきました。亡くなって9年になるわけですが、この原稿執筆の6カ月間は常にプーがそばにいるようなそんな感覚でいました。

プーの後継者、ダップは10歳になりましたが、この6カ月間は、ダップをプーと呼んでしまうこともよくありました。

「プーに水あげた?」

「プーがさっきさ」

などスタッフや家族に、ダップとプーを間違えて話しかけてしまうこともしばしばでした。

プーはこの半年間、私のそばに帰ってきていたのだなと、つくづく思います。

不思議なもので、プーが亡くなったのは10月、この原稿を書き上げるのも10月です。プーが亡くなったのが10歳、後継者のダップも10歳。そして、プーと一緒に書き上げた初めての著書『犬は知的にしつける』から数えて、このプーの本は10冊目にあたる著書となります。

なんとも10という数字に縁があるような、目に見えない力のようなにかを感じます。

私は今、プーのためにドッグドアのあるペット部屋を設けた、リビングのテーブルの上でこの原稿を書いています。もちろんペット部屋にはプーはいません。でも、その代わりに、ダップとその後迎えた、ダップの弟分でもある「鉄」がそこで丸くなって休んでいます。

時折体をかく犬の気配と、鑑札の音。

そうした空気の中にいると、なんだかプーがいたあの時のままのような気もしてきます。

さて、そろそろ筆を置くこととしましょう。プーの物語もこれでおしまいとなります。かつてプーがひなたぼっこをしていたタイル敷きのデッキには、太陽の光が振りそそいでいます。庭に出てみると、秋らしいさわやかな空気に包まれます。この季節、夏を感じる匂いや、風や日差しを感じることなどあるのだろうか、とふと思いもしました。

すべてが夢だったのではないか。

空を見上げると、青空が広がっています。

「あっ」

秋の乾いた空気の中で、私は今確かに、一瞬夏を感じたのでした。

著者略歴

西川文二（にしかわ　ぶんじ）

Can！Do！Pet Dog School 代表。東京都出身、1957 年生。早稲田大学理工学部卒業。博報堂を経て 1999 年に JAHA（日本動物病院協会）認定の家庭犬インストラクターの資格を取得、Can！Do！Pet Dog School を設立。環境省主催「動物適正飼養講習会」及び「動物適正譲渡講習会」講師を務める。その科学的な理論に基づくトレーニング法は多くの飼い主に支持されている。テレビ、ラジオにも出演多数。雑誌『いぬのきもち』創刊の年より監修。『犬のモンダイ行動を直す本』（PHP）、『イヌのホンネ』（小学館）、『しぐさでわかるイヌ語大百科』『うまくいくイヌのしつけの科学』（ソフトバンククリエイティブ）など著書多数。

Special Thanks | Toyokazu Kobayashi
装画 | タムラフキコ
ブックデザイン | マルプデザイン
本文 DTP | G-clef

犬のプーにおそわったこと

パートナードッグと
運命の糸で結ばれた
10年間

2016年7月15日　初版第一刷発行

著者｜西川文二
発行者｜揖斐　憲
発行所｜株式会社サイゾー
東京都渋谷区道玄坂1-19-2
スプラインビル3階
〒150-0043
電話 03-5784-0791

印刷・製本｜凸版印刷株式会社

ISBN978-4-86625-061-8